ChatGPT

大規模言語モデルの進化と応用

シン アンドリュー／小川航平［共著］
谷合廣紀［協力］

リックテレコム

注　意

1. 本書は、著者が独自に調査した結果を出版したものです。
2. 本書は万全を期して作成しましたが、万一ご不審な点や誤り、記載漏れ等がありましたら、出版元まで書面にてご連絡ください。
3. 本書は情報提供のみを目的としており、本書の記載内容を運用した結果およびその影響については、上記にかかわらず本書の著者、発行人、発行所、その他関係者のいずれも一切の責任を負いませんので、あらかじめご了承ください。
4. 本書の記載内容は、執筆時点である2024年1月現在において知りうる範囲の情報です。本書に記載されたURLやソフトウェアの内容、インターネットサイトの画面表示内容などは、将来予告なしに変更される場合があります。
5. 本書に掲載されているサンプルプログラムや画面イメージ等は、特定の環境と環境設定において再現される一例です。
6. 本書に掲載されているプログラムコード、図画、写真画像等は著作物であり、これらの作品のうち著作者が明記されているものの著作権は、各々の著作者に帰属します。

商標の扱い等について

1. Python は、Python Software Foundation の登録商標です。
2. 上記のほか、本書に記載されている商品名、サービス名、会社名、団体名、およびそれらのロゴマークは、一般に各社または各団体の商標または登録商標である場合があります。
3. 本書では原則として、本文中においては ™ マーク、Ⓡマーク等の表示を省略させていただきました。
4. 本書の本文中では日本法人の会社名を表記する際に、原則として「株式会社」等を省略した略称を記載しています。また、海外法人の会社名を表記する際には、原則として「Inc.」「Co., Ltd.」等を省略した略称を記載しています。

はじめに

ChatGPTはいま最も注目されているAIのトピックであり、その反響は社会的現象と言っても過言ではありません。また、その様々な応用事例も、すさまじい勢いでネット上に投稿され参照されています。しかし、そのほとんどは断片的で揮発的な情報に留まっており、大規模言語モデルとしてChatGPTの本質を理解し、その原理から適用技術、応用の仕方、限界までを網羅的・総合的に捉えることは簡単ではありません。

ChatGPTは突然現れたわけではなく、長い時間と様々なアプローチを通じて続いてきた言語表現モデルの研究における、新たなマイルストーンだと言えます。その成果として、検索やチャットボットのように、自然言語に大きく依存する応用も可能にしました。また、その表現力の改善に加えて、文章の生成速度が従来の大規模言語モデルよりも圧倒的に速くなった点が特徴です。こうしたChatGPTにおける進化は、既存の言語モデルを使った研究開発では応用タスクが限られていた点、文章の生成に時間がかかり実用的でなかった点、またチャットボットの回答としては文章の正確さが不安定だった点などで苦労していた一般ユーザには、非常に有用なものであると思われます。

ChatGPTはデータ量とモデルサイズに依拠する大規模言語モデルの頂点にあると言えます。根本的に新しいパラダイムが現れない限り、今後さらにスケールアップしたモデルが出るとしても、それはChatGPTの延長線上に現れる可能性が高く、本書で扱う内容は有効であり続けると考えます。

●本書の読者対象

本書はChatGPTの仕組みや特徴を理解して他のモデル作成に活かしたいデータサイエンティストの方々、または構文解析・感情分析などの伝統的なNLPタスクをはじめ、深層学習による汎用向けの大規模言語モデルと、そこから派生する新たな応用先や評価に興味を持つ研究者たちを主な読者対象として想定しています。

本書の前提知識として、モデルの学習や推論、またコーパスから学習を通じて得られるベクトルによる単語・文の表現など、基本的な概念を理解していれば十分読み進めることができます。さらに、トランスフォーマーやBERTの知識や経験があると理解が深まりますが、いずれも本書で直接説明しているので、これらの知識がなくても支障はありません。

データサイエンティストの方々は、ChatGPTのような大規模言語モデル自体の作成方法が分かり、また検索エンジンやチャットボットなど、ターゲットアプリに合わせたチューニングができるようになります。そのようなチューニングを、ChatGPTによるデータ拡張を通じて改善することも期待できます。さらに、求める結果がChatGPTから出力されない場合にどのようにプロンプトをチューニングしていくかなど、ChatGPTをサービスとして利用したり、開発に活用したりするための知識を獲得できます。また、本書で扱っていない他の応用先に関しても、それらへつないでいくために必要な基本知識を獲得できます。例えば、チャットボットの事例を見ることで、台本作成やQAシステムといった横展開が可能になります。また、AIに関するアプリやサービス実装に関係するコードの作成や修正に関しても、様々なコーディング環境とプログラミング言語に容易に広げることができます。

研究者の方々は、大規模言語モデルの現状と限界、また応用事例を通じて実用性の側面も理解することで、研究方向の探索に役立ちます。特に、ChatGPTの登場によってNLP研究者は、これから何を研究するべきかが新たに問われているので、本書を通じChatGPTの理論・応用・限界に共に触れることは、今後の研究方向への重要なヒントにつながると思います。

データサイエンティストも研究者も、本書のミニChatGPTを実装してみることで、中身の理解がより深まります。学習から評価まで言語モデルの構築を経験することによって、今後ライセンスや費用などの理由でChatGPTを直接利用することが困難な場合でも、必要に応じてChatGPT以外の類似モデルのファインチューニングによる目的の達成など、対策を工夫できるようになります。

●本書の特徴と工夫

本書は、理論と応用のいずれにも充実した構成としました。まず、ミニChatGPTをはじめ、チューニング方法などの解説では、実際のコードを示し、手を動かしながらChatGPT自体の作成方法やチューニング方法を理解できるようにしています。さらに、ChatGPTの背景や原理については、最新の理論をベースに体系的にまとめました。応用面では、マイクロソフトのサービス実装などの最新事例を含め、実際に役立つことを前提に解説します。これによって最新理論の理解のみにとどまらず、現実に直面する課題の解決や応用先の拡大も図れる書籍になっています。データサイエンティストの方々には文系出身者も多いので、難易度が高い理論や数式には図説や脚注を用いながら解説しています。本書の一部では実験的にChatGPTで執筆することで、その実用性をアピールし、また書籍の面白さを広げる試みも行っています。

●本書の構成と読み方

本書の構成を簡単に紹介します。大きく分けて1章から3章までのChatGPTに関する基礎知識と、9章から11章までは理論や議論中心であり、4章から8章までが実務的な内容です。

1章ではChatGPT登場の背景や影響に加え、大規模言語モデルの歴史を駆け足で振り返ります。

2章ではトランスフォーマーやBERT、そしてChatGPTのベースであるGPT系列のモデルについて、その理論的な背景を説明します。ChatGPTが優れた会話能力を持つために重要な役割を負っているRLHFなどの手法も一緒に説明します。3章ではChatGPT以外のBardやLLaMaなど、他の注目すべき大規模言語モデルを紹介します。ChatGPTとの共通点や差分を知ることによって、今後さらに増えていく大規模言語モデル群を体系的に把握できるようになることを期待しています。

4章ではChatGPTのAPIの基本的な使い方を説明します。ChatGPTのAPIはその後の章を読み進めるにあたって必須のツールとなります。5章では、ChatGPTのAPIを用いて、実際モデルのファインチューニングと評価を行ってみます。これにより、今後ChatGPTを目的に合せて利用できるようにします。さらに6章では、近来注目されている言語モデルのフレームワークHuggingFaceを用いたファインチューニングによって、より広い範囲への応用を可能にします。7章では大規模モデルの登場によって新たに注目されている「プロンプトエンジニアリング」について説明します。様々なパターンをまとめることで、ChatGPTなどの言語モデルをより効率的に利用できるスキルを獲得します。8章ではChatGPTと密接に関わっているMicrosoft社のAIとChatGPTを比較しつつ、具体的にどのようにサービスを活用できるか説明します。

ChatGPTはその高い文書生成能力にもかかわらず、明らかな限界点もたくさんあり、批判されているところもあります。9章ではそういったChatGPTの限界点を説明します。10章では学習・推論・生成の対象を画像や音声、音楽、動画などまで拡張しているマルチモーダルな大規模モデルを紹介します。最後に11章では、本書全体をまとめたうえで、今後の展望や課題を述べます。

本書の読み方や使い方に関してですが、データサイエンティストの方は、全章を読むことで、最も本書の意図どおりの効果を得られますが、ファインチューニングやプロンプトエンジニアリングなどの章ごとを読むことで、具体的な業務や応用先に応じたリファレンスとしても活用できます。研究者の方には、冒頭の背景や理論パートから読むことをお勧めしますが、今後の研究方向を模索するには、大規模言語モデルの仕組みや現状、具体的な応用事例や限界などを適宜選んで読むのも有効でしょう。

2024年2月　シン アンドリュー

ご案内

●ダウンロードのご案内

本書をお買い上げの方は、本書に掲載されたものと同等のプログラムやデータのサンプルのいくつかを、下記のサイトよりダウンロードして利用することができます。

https://www.ric.co.jp/book/

リックテレコムの上記Webサイトの左欄「総合案内」から「データダウンロード」ページへ進み、本書の書名を探してください。そこから該当するファイルの入手へと進むことができます。その際には、以下の書籍IDとパスワード、お客様のお名前等を入力していただく必要がありますので、あらかじめご了承ください。

書籍ID　：　ric14001　　　パスワード　：　prg14001

●開発環境と動作検証

本書記載のプログラムコードは、主に以下の環境で動作確認を行いました。

- Google Colaboratory
  https://colab.research.google.com/?hl=ja

●本書刊行後の補足情報

本書の刊行後、記載内容の補足や更新が必要となった場合、下記に読者フォローアップ資料を掲示する場合があります。必要に応じて参照してください。

https://www.ric.co.jp/book/contents/pdfs/14001_support.pdf

●正誤表

本書の記載内容には万全を期しておりますが、万一重大な誤り等が見つかった場合は、弊社の正誤表サイトに掲載致します。アクセス先URLは奥付（最終ページ）の左下をご覧ください。

Contents

はじめに …… 3
ご案内 …… 6

第1章 ChatGPTの概要

1.1 ChatGPT登場の背景と社会的反響 …… 12
1.2 言語モデルの歴史 …… 14

第2章 ChatGPTの動作原理

2.1 トランスフォーマー …… 18
2.2 BERT …… 22
2.3 GPT-3 …… 24
2.4 RLHF …… 28

第3章 他の大規模言語モデル

3.1 LaMDAとBard …… 34
3.1.1 LaMDA 34
3.1.2 Bard 35
3.2 PaLM …… 36
3.3 LLaMA …… 37

第4章 ChatGPTのAPI

4.1 ChatGPTのAPIとは? …… 40
4.2 アクセス取得及び最初の呼び出し …… 42
4.2.1 支払い設定とAPIキーの取得 42
4.2.2 openaiライブラリでのAPI呼び出し 42
4.2.3 モデルグループ別のAPI選択と関数 44
4.3 入力及び応答のフォーマット …… 45
4.3.1 入力のフォーマットとパラメータ 45

4.3.2 応答のフォーマット 46
4.4 アドバンスドな利用方法 …… 48
4.4.1 レートリミット 48
4.4.2 コストの考慮 48
4.4.3 プライバシーとセキュリティ 49
4.4.4 モデルの最適化 50
4.4.5 複数ターンの対話 51
4.4.6 テストと回答の改善 51
4.4.7 情報検索 53
4.4.8 チャットボット 54
4.4.9 データ拡張 56

第5章 APIを用いたファインチューニング

5.1 ファインチューニングの準備 …… 60
5.1.1 データセットをjsonlにフォーマット変換 60
5.1.2 モデルを選びデータをアップロード 62
5.2 ファインチューニングの実行 …… 65
5.3 推論の実行 …… 67

第6章 HuggingFaceを用いたファインチューニング

6.1 Pythonスクリプトによる学習の準備 …… 72
6.2 モデルの学習 …… 75
6.3 推論 …… 79
6.4 RLHFの再現 …… 82

第7章 プロンプトエンジニアリング

7.1 プロンプトエンジニアリングの概要 …… 86
7.2 プロンプトのパターン …… 87
7.2.1 入力セマンティック 87
7.2.2 出力のカスタマイズ 88

7.2.3 エラー追究 91
7.2.4 プロンプト改善 92
7.2.5 インタラクション 95
7.2.6 文脈制御 96
7.2.7 組み合わせ 97
7.3 日本語のプロンプトエンジニアリング 99

第8章 Microsoftのサービスで始めるLLMシステム

8.1 本章に書くこと・書かないこと 104
8.2 LLMを組み込んだMicrosoft製品 105
8.2.1 Microsoft社とOpenAI社の関係 105
8.2.2 Copilot導入製品 108
8.2.3 LLMとMicrosoft Office製品の連携の仕組み 114
8.3 Azure OpenAI Serviceという選択肢 118
8.3.1 Azure OpenAI Serviceが提供する機能 118
8.3.2 OpenAI Python v0.28.1からv1.0への変更点 120
8.4 RAGアーキテクチャ 125
8.4.1 RAGとは? 125
8.4.2 基本的なRAGの構成と心構え 125
8.4.3 RAGの処理フロー 126
8.4.4 独自データベースの準備 127
8.5 研究者のためのクイックなRAG環境構築：Azure OpenAI Serviceとカスタム実装 133
8.5.1 データドリブンでRAG環境の検証を進めたい方へ 133
8.5.2 手法や前処理を変更してRAG環境を検証したい方へ 138
8.6 本章の最後に 145

第9章 ChatGPTの限界を越えて

9.1 ChatGPTの限界 148
9.1.1 物理的世界の理解 148
9.1.2 リアルタイム情報の反映 149
9.1.3 事実の頻繁な誤り(ハルシネーション) 149

9.2 外部APIを用いたChatGPTの改善 …… 152
9.2.1 Toolformer 152
9.2.2 Visual ChatGPT 153
9.2.3 HuggingGPT 155
9.2.4 TaskMatrix.AI 156
9.2.5 DALL・E 3 157
9.3 ChatGPT生成文章の識別 …… 158
9.4 ChatGPTとAGI …… 160

第10章 マルチモーダル大規模モデルの数々

10.1 テキストによる画像生成 …… 164
10.1.1 背景知識：拡散モデルとCLIP 164
10.1.2 テキストからの画像生成モデル 165
10.2 テキストによる動画生成 …… 168
10.2.1 テキストからの動画生成モデル 168
10.3 テキストによる音声・音楽生成 …… 170
10.3.1 テキストからの音声生成モデル 170
10.3.2 テキストからの音楽生成モデル 171

第11章 今後の課題

11.1 言語モデルの現状 …… 174
11.2 言語モデルの今後 …… 176
11.2.1 GPT-4 176
11.2.2 Llama2 176
11.3 結語 …… 179

謝辞 …… 181
文献一覧 …… 182
索引 …… 190
著者プロフィール …… 195

第1章

ChatGPTの概要

本章ではまず、ChatGPTが昨今の社会に起こしている影響を振り返り、その意義を考えます。また、言語モデルがどのような発展を遂げてきたのか歴史を遡り、その中でのChatGPTの位置づけと意味を考えます。

1.1 ChatGPT登場の背景と社会的反響

> ChatGPTは、OpenAIが開発した大規模言語モデルです。GPT-3.5アーキテクチャをベースにしており、巨大な量のテキストデータを学習することによって、人工知能による自然言語処理を実現することができます。
> ChatGPTは、自然言語処理技術の進歩を象徴するものとして注目されています。これまで、人工知能による自然言語処理は、限定されたタスクにしか対応できないものでしたが、ChatGPTは、より柔軟で自然な対話が可能になったことで、非常に注目されています。
> また、ChatGPTは、現在のAI技術の限界を拡張するとともに、新しいビジネスモデルの可能性をもたらしています。例えば、カスタマーサポートや顧客対応、翻訳、要約などの分野で、ChatGPTを活用したサービスが提供されるようになっています。
> 社会的には、ChatGPTの登場により、自然な対話ができるAIに対する期待が高まっています。一方で、その能力が悪用されることへの懸念もあります。例えば、ChatGPTを悪意ある目的で使用することによって、偽情報の拡散や人工知能によるフェイクニュースなどが生まれる可能性があります。
> ChatGPTの意義としては、自然言語処理技術の進歩に加えて、AIによる対話が人々の生活に大きな影響を与えることが期待されています。そのため、ChatGPTは、AI技術の発展において、重要な一歩となったと言えます。

以上は、ChatGPTに「ChatGPTの概要、背景、社会的な反響及び意義をまとめてください。」と、実際にプロンプトを入力したときに出力された回答です。ChatGPTの回答が言っているように、ChatGPTは大規模言語モデル（LLM：Large Language Models）として様々な分野で高い性能と新たな可能性を示し、注目されています。2022年11月に公開されて以来、AIの歴史でも前例がないほど社会的に、また世界的に注目を集め、それは現在も続いています。

昨今のAIブームの中心となっている深層学習（Deep Learning）が研究者のあいだで注目され始めたのは、2012年の国際画像認識コンペティションILSVRC（International Large-Scale Visual Recognition Challenge）において、深層学習ベースのモデルが圧倒的な性能で優勝してからで、それから約10年間にわたって深層学習によるAIは驚異的なペースで発展してきました。その応用先は画像認識、自然言語処理、音声認識、ロボットなど、様々な分野で幅広い形で現れています。また、スマホアプリ、SNS、ストリーミング、検索エンジン、コンテンツ生成まで、既に私たちの日常生活の中にも深く導入されています。

しかし、そういった様々な応用先がありながらも、AIの専門知識のない一般の人々にまで、具体的なモデルが知られることは滅多にありませんでした。その数少ない例の一つにAlphaGo[60]があります。2016年にAlphaGoが囲碁の世界チャンピオンに圧勝した時にはニュースで大々的に取り上げられ世間を賑わせました。とはいえ囲碁はルールがしっかり定まっているゲームであり、AIが最も得意とする分野です。囲碁が私たちの日常生活に密接に関わっていないこともあって、その衝撃も一時的なものに留まりました。

ところがChatGPTは、既にその社会的反響がAlphaGoとは比較できないほどにまで広がっています。その最も決定的な理由は、ChatGPTが及ぼす影響がAlphaGoより遥かに広く、私たちの日常生活のあらゆる側面に深く関わる可能性があるからだと思われます。

ChatGPTのドメインとなる自然言語は人が情報の獲得や他人とのコミュニケーション、毎日の業務まで、数え切れないほどの領域での活動を行う際の基本的な媒体です。専門的な論文やレポートも、SNS上の他愛のない呟きや友達へのメッセージも、全て自然言語を用いて行われます。そのため、ChatGPTを活用できる領域は、私たちの日常活動のほとんど全てに広がると言っても過言ではありません。また、ChatGPTは自然言語のみならず、プログラムコードの生成や修正ツールとしての機能も優れているので、ソフトウェア開発者や学生にも大きな影響を与えるのはもちろん、コードで構成されているデジタル世界を根本から変革するほどのポテンシャルを持っています。ChatGPTの応用先がどこまで広がるかの探索は、今も続いている最中です。

しかし、そうした社会的反響に伴い、様々な議論点や問題点も指摘されています。頻繁な情報の誤り、内在するバイアスによる倫理観の欠如、犯罪に悪用される可能性やプライバシー拡散の危険性などが既に現れています。また、ChatGPTは果たして人間が言語能力を獲得する仕組みの研究に役立つのか、汎用人工知能（AGI：Artificial General Intelligence）にどこまで近づいているのかなど、専門的・学問的・哲学的な論点もたくさん生じています。

このように前向きな可能性とたくさんの論点が共存し対立している中で、私たちはChatGPTに対しどのようなスタンスをとるべきでしょうか。

基本的にはあくまで一つのツールとして、必要な分だけうまく活用できればよいわけですが、そのツールは既に現実世界の大きな一部となっており、その影響はさらに広がり続けています。インターネットの登場が単なる情報獲得のツールではなく、人類文明を完全に変えてしまった媒体だったように、ChatGPTはツール以上の意味を持つようになるかもしれません。また、単純にツールとしての利用に留めるとしても、そのメリットをさらに広げるために、技術と理論、社会的意義を含める様々な角度からその本質を理解する取り組みが必要です。

本書籍が目的とするところもそれに近く、まずChatGPTをもっと効率的に活用するための仕組みやアプローチを勉強しつつ、それを巡る理論的な背景や論点、展望も明らかにしていきます。

それでは本格的にChatGPTの話をする前にまず、ChatGPT以前では言語モデルを構築するためにどのような試みが行われたのかを見てみましょう。

1.2 言語モデルの歴史

AIの言語学習に先立ち、「そもそも人間はどのように言語を獲得するのか（language acquisition）」という問いがあります。これは昔から言語学の重要なテーマの一つであり、現在もそのメカニズムが完全に知られたわけではなく、活発に研究が続いています。

最も有力な仮説は、ノーム・チョムスキーが提唱した普遍文法（universal grammar）です。普遍文法の理論によると、人は生まれながら脳内に言語を獲得するための器官を持っているとされます。それが言語の種類を問わずに機能していることは、あらゆる言語の文法に「普遍的な構造」が内在していることが証明しています。

その普遍的な文法構造を探究するために、自然言語の文法を形式的なルールで表現する生成文法（generative grammar）の研究が進み、言語の構造と構文についての理論的なフレームワークが提供されました。特に生成文法の一つである自由文脈文法（context-free grammar）は、特定言語の文法的な構造を階層的に表現する形式文法であり、プログラミング言語の発展にも非常に大きな影響を与えています。

形式的な側面のみならず、統計的な性質から言語を理解しようとする試みも長らく行われ、その代表的な例がジップの法則（Zipf's law）です。ジップの法則によれば、大規模なテキストコーパスや単語の使用頻度データにおいて、「各単語の使用頻度は、その順位に反比例する」という傾向があるとされます。

具体的には、最も頻繁に使用される単語が全体の使用頻度の中で最も大きな割合を占め、2番目に頻繁に使用される単語は最頻出単語の2分の1程度の頻度を持ち、3番目の単語は最頻出単語の3分の1程度の頻度を持つ、といった冪（べき）分布のパターンが見られます。言語の使用頻度は非常に偏っているので、最も一般的な単語に注目すれば、文章生成、情報検索、文書分類などといった自然言語処理タスクを向上させるのに役立ちます。また、テキストデータの統計的モデリングにおいても重要であり、テキストデータの特性をモデル化し、確率的な言語モデルを構築する際に役立ちます。

単語の統計的な情報を使うと、文書の特徴を捉えることにもつながります。ある文章の特徴を表す最も基本的な手法としてbag-of-wordsがあります。これは文章に現れるそれぞれの単語の頻度を測る簡単なモデル（tf：term frequency）であり、「文章の全体的な単語の分布を見ることで、その特徴を把握できる」というものです。しかし、英語の「the」や「to」のような機能的な単語はどの文章にも頻繁に現れるため、その文章の特徴的な統計量とはなりません。そこでコーパス全体での単語の頻度と特定文章での単語の頻度を比較する必要があります（idf：inverse document frequency）。tfとidfを組み合わせて文章の特徴を表現する試みは、古典的な自然言語処理の手法の一つです。

但しこのとき、頻度を数える対象が一つの単語に限られる必要はありません。むしろ、連続する複数の単語を見ることで、その特徴がより的確に把握できる場合が少なくありません。n-gramモデルは、コーパスの中で隣接しているn個の単語（ないしは文字）を一つの単位とし、その頻度によって文章の特徴を表す手法です。2つの単語を1つの単位とする場合はn=2でバイグラム(bigram)と呼び、3つの単語を1つの単位とする場合はn=3でトライグラム(trigram)、のように続きます。

例えば、「私は少年です」という文には、"私","は","少年","です"の4つの単語があるとすると、["私","は"]，["は","少年"]，["少年","です"]の3つのバイグラムがあり、それぞれの頻度は1回です。このようにn-gramの頻度を大きいコーパスから抽出すると、特定のテキストデータにおける言語の使用傾向や単語の組み合わせに関する貴重な情報を得ることができます。

また、語彙数をNとしたとき、各単語はN次元のベクトルとして表現できます。このベクトルの要素は、対応する単語の位置のみが1で、残りのすべての要素は0です。例えば語彙が1000個あるとしたら1000次元の行列を用意し、1次元目に該当する単語が"私"だとしたら、"私"のベクトル表現は[1, 0, 0, ..., 0]となります。こういった単語の表現を「ワンホットベクトル(one-hot vector)」と呼びます。

しかし、ワンホットベクトルは単語それぞれのベクトルの次元数が語彙全体のサイズまで大きくなるため、効率的な表現とはとても言えません。そこで、Word2vecのような、密な表現手法が現れました。Word2Vecは、大規模なテキストコーパスから入力単語とその周辺の文脈をニューラルネットワークに入力することで学習されます。その結果、同じ文脈で現れる単語は近いベクトル表現を持つようになります。例えば、「動物園で○○を見た」という文の○○には何らかの動物が入る可能性が高く、キリンや象が近い表現を持つようになります。全ての単語のベクトルはあらかじめ決まった次元数で効率的に表現されるため、ワンホットベクトルよりも効率的な表現ができます。ニューラルネットワークを用いている手法でもあります。

Word2Vecのような手法では、周辺の単語をどこまで見るかが決まっているので、文章中で長期的な依存性の学習を行うのが難しいという問題があります。そこで登場したのが、RNN（Recurrent Neural Networks）です。RNNでは、時系列データについて、その時間軸上における前の情報を用いて現在の入力を表現します。RNN以降のモデルについては2章で説明しますが、RNNの一種であるLSTM（Long Short-Term Memory）は、長期にわたって代表的な言語の表現モデルとして愛用されました。そして今、「トランスフォーマー」と呼ばれるモデルが、LSTMに続く言語表現モデルの代表として位置付けられ、ChatGPTのベースとなりました。

以上見てきたように、ChatGPTは決して突然現れた技術ではありません。長い時間をかけ、様々なアプローチを続けてきた言語表現モデルの研究における、新たなマイルストーンであると言えます。

第2章

ChatGPTの動作原理

本章では、ChatGPTの基盤となる深層学習モデルについて説明します。まず、ChatGPTを含め昨今の多くの大規模言語モデルのベースとなっているトランスフォーマーと、それに基づいたBERTを説明したうえで、GPT-3を中心にGPT系列のモデルの進展を説明します。最後にChatGPTの特徴と言えるRLHFを説明します。

2.1 トランスフォーマー

深層学習が本格的に注目される前から、ニューラルネットワークを用いて自然言語を表現・処理しようとする試みはありました。その代表的な例としてLSTM（Long Short-Term Memory）[22]があります。

LSTMは、有用な情報は長期間保ちつつ、不要な情報は忘却していく「ゲート」という仕組みを提案し、以前のRNN（Recurrent Neural Networks）[16]モデルよりも長期記憶に優れた性能が報告されています。RNNの構造（図 2.1(a)）とLSTMの構造（図 2.1(b)）を比較してみると、LSTMにはf_t、i_t、c_t、o_tのような要素が加わり、より複雑な構造を持っていることが分かります。これらが上記のゲートに該当し、情報を記憶したり破棄したりする役割を担います。ほかにもGRU（Gated Recurrent Units）[9]などが提案され、LSTMやGRUに代表されるRNN系列のモデルは数年以上、自然言語処理の実質的なスタンダード手法として定着していました。

しかし、RNN系列のモデルにはいくつかの限界がありました。その一つは、トークンとトークンの長期的な依存関係の反映が難しいという点でした。上述のようにLSTMが既存の手法よりも長期記憶に優れているとはいえ、その距離が離れれば離れるほど依存性を保ちづらくなる問題は根本的には変わっていません。もう一つの問題は、RNN系列のモデルはトークンのシーケンスを順次処理するため、並列処理が難しいことです。この点は大量のデータを複数の計算リソースで学習する近頃のトレンドに照らすと特に大きな問題となります。

このようなRNNの問題点への対応策として注目されたのが、ChatGPTの根幹の技術でもあるトランスフォーマー(Transformer)[67]です。トランスフォーマーの技術的な詳細は後述しますが、大きな特徴として以下のようなものがあります。

まず、あらかじめ決められたシーケンスの長さの範囲内であれば、トークン間の距離が遠くて

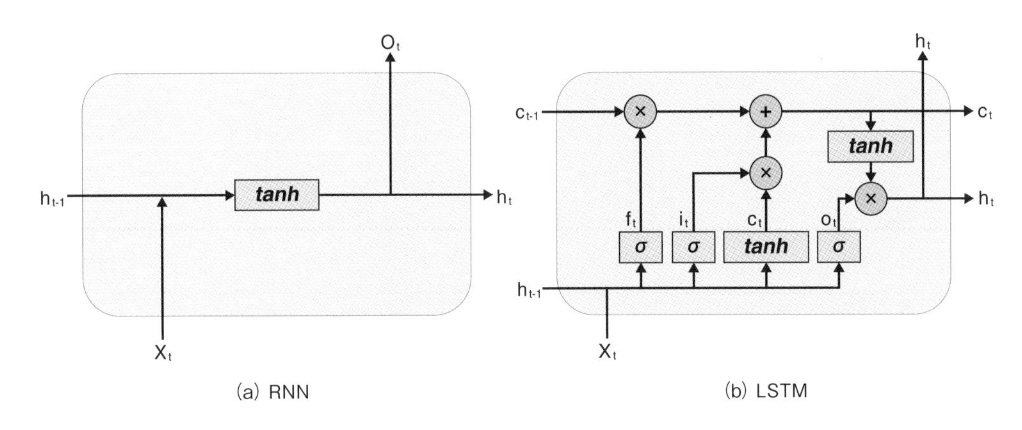

図 2.1 RNN と LSTM 構造の比較

も短距離のトークンと同様に依存関係を反映できるので、上記のRNN系列のモデルにおける依存性の問題に対処できます。また、シーケンスを順次的に処理しないので、並列処理が容易になり、大量のデータをより短い時間で学習できるようになります。

それではトランスフォーマーはどのような構造を持っていて、上記のメリットを可能にするのか見てみましょう。

RNN系列のモデルでは、ゲートによる記憶の調整が基本となるモジュールでしたが、トランスフォーマーでは自己注意(self-attention)というプロセスが最も重要な役割を担っています。トランスフォーマーはまず、入力ベクトルをクエリ（query)、キー（key)、バリュー（value）と呼ばれる3つのベクトルに変換します。

出力はバリューの重み付けの和となりますが、その重みはクエリとキーとの類似度によって決まります。クエリ・キー・バリューを持つ行列をそれぞれQ・K・Vとし、またキーの次元数をd_kとすると、自己注意プロセスは以下のような数式で表すことができます。

$$\mathrm{Attention}(Q, K, V) = \mathrm{softmax}\left(\frac{QK^T}{d_k}\right)V \tag{2.1}$$

トランスフォーマーはこのような自己注意を並列で行うマルチヘッドアテンション（multi-head attention）を用いて、それぞれの自己注意の出力を連結することでまとめます。マルチヘッドアテンションによって、入力シーケンスの様々な要素へ同時にフォーカスすることができ、また、汎用化を向上できるというメリットがあります。マルチヘッドアテンションは以下のような数式で表すことができます。

$$\mathrm{MultiHead}(Q, K, V) = \mathrm{Concat}(\mathrm{head}_1, \ldots, \mathrm{head}_w)W^O \tag{2.2}$$

$$\mathrm{head}_i = \mathrm{Attention}(QW_i^Q, KW_i^K, VW_i^V) \tag{2.3}$$

ここでConcatは連結を示し、headはそれぞれの自己注意プロセスを示し、W^Q・W^K・W^V・W^Oは学習を通じて得られる行列を示します。

トランスフォーマーのもう一つの特徴として位置符号化（positional encoding）が挙げられます。上記で言及したように、自己注意はRNN系列のモデルのような順次的な処理を行っていないので、入力の順番が処理結果に影響を与えることはなく、文中のトークンの順番を変えても結果は同じになります。しかし、トランスフォーマーではその処理の特性上、トークンの順番を区別することができません。そのため、例えば「私が彼にプレゼントをあげる」と「彼が私にプレゼントをあげる」では、それぞれの文を構成しているトークンは完全に一致していますが、その意味内容は真逆になってしまいます。このようにトークンの順番によって意味が変わってしまう自然言語処理では、順番を反映できない性質は当然望ましくありません。そのためトランスフォーマーは、入力シーケンスにおけるトークンの位置を、位置符号化で明示的に示す方法を提案しています。位置符号化の具体的な方法には様々な手法が提案されていますが、本来のトランスフォーマーは以下のように三角関数を用いた手法を提案しています。

$$\mathrm{PE}_{(p,\,2i)} = \sin(p/10000^{2i/d}), \tag{2.4}$$

$$\mathrm{PE}_{(p,\,2i+1)} = \cos(p/10000^{2i/d}) \tag{2.5}$$

ここでpはシーケンス内のトークンのポジションを示し、dは出力の埋め込みベクトルの次元数を示し、iは出力の埋め込みベクトルにおける次元のインデックスを示します。

例えば「"私", "は#", "少年", "です"」の4つのトークンで構成されているシーケンスを考えます。次元数d=4と想定すると$0 \leq i < d/2$は0か1になるので、ポジション0に該当する最初の"私"の場合は、まずi=0に対して$P_{0,0}$=sin (0) =0、$P_{0,1}$=cos (0) =1、そしてi=1に対して$P_{0,2}$=sin (0) =0、$P_{0,3}$=cos (0) =1となり、[0,1,0,1] の4次元行列で表現されます。続いてポジション1に該当する"は"の場合は、i=0に対して$P_{1,0}$=sin ($1/10000^0$) =sin (1/1) =0.84、$P_{1,1}$=cos (1/1) =0.54、そしてi=1に対して$P_{1,2}$=sin ($1/10000^{2/4}$) =sin (1/100) =0.01、$P_{1,3}$=cos (1/100) =1となり、[0.85,0.54,0.01,1] の行列で表現できます。同様にして、それぞれのトークンの位置符号化を求めることができ、単語列の埋め込みベクトルを加算することで入力ベクトルが得られます。

図2.2はトランスフォーマーの構造を示しています。上段はトランスフォーマーのエンコーダブロックを、下段はデコーダブロックを示しています。実装上はエンコーダーブロックを複数回繰り返すことでトランスフォーマーデコーダーを構成します。エンコーダは、入力シーケンスをより高次元の表現に変換する役割を担っています。この変換により、モデルは入力シーケンス内の複雑な関係やコンテキストを捉えられるようになります。デコーダはエンコーダからの情報を受け取り、それを元に翻訳されたテキストや要約などのターゲットデータを生成します。エンコー

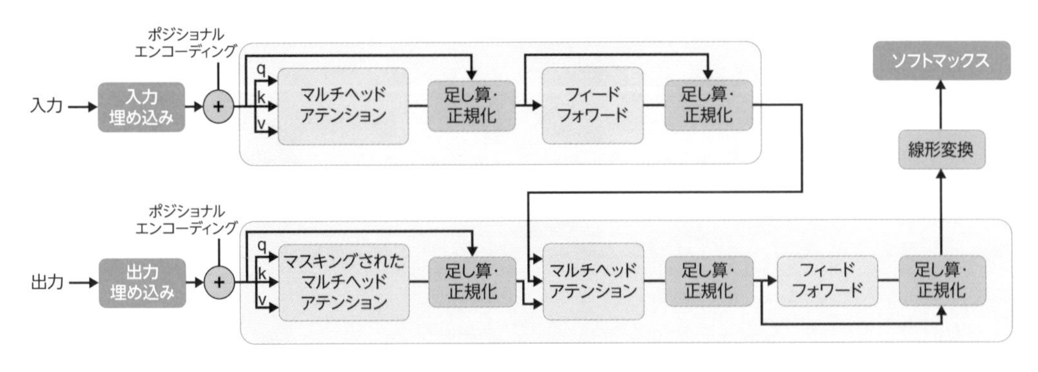

図 2.2 トランスフォーマーの構造

ドされた入力データの意味や文脈を保持しています。

なお、図中のフィードフォワード (feed-forward) はアテンションベクトルを次のエンコーダやデコーダに渡せる形式に変換する役割を負っています。また、各位置の内部表現（もしくは特徴ベクトルとか）を独立して変換することが重要な役割のひとつです。

トランスフォーマーは、自然言語処理や音声認識のように時系列データを対象とする分野では既にデファクトスタンダードとなりました。さらには画像処理の分野においても、画像を分割してをシーケンス化することで、トランスフォーマーを用いて認識する Vision Transformer (ViT)[14] が現れるなど、深層学習の全分野にわたって用いられています。

2.2 BERT

トランスフォーマーのマルチヘッドアテンション構造に基づいて、数え切れないほど多数の言語モデルと手法が提案されています。BERT（Bidirectional Encoder Representations from Transformers）[13] はその中でも非常に注目度が高く、最も重要なモデルの一つと言っても過言ではありません。

BERTはその名前のとおり、トランスフォーマーを用いて双方向から言語の表現を学習するモデルです。従来のモデルではRNN系列のモデルのようにシーケンスを左から右方向に見ていくのが一般的でしたが、BERTは双方向から考慮することで、より文脈に即した表現を得ることができます。

この双方向性がなぜ重要なのか、例文を見ながら考えてみます。「I am a ○○」という文の一部があり、○○に該当する単語を予測するとします。その際に、左からの「I am a」のみが見える場合は、○○に職業や動物・物体の何が入っても間違っているとは言えず、違和感もありません。しかし、双方向から考慮した場合、右からの見える部分も含めて「I am a ○○ player.」となるとすると、○○に該当する単語は、スポーツやゲームになるべきだとわかります。このように双方向性は、より的確な文脈の表現及びトークンを予測するために欠かせない重要な役割を担います。

BERTは入力シーケンスを、上記のようにトークンの埋め込み、シーケンス内のトークンの位置を示す位置埋め込み、そして全体入力シーケンスの中でそれぞれの文を区分けするためのセグメント埋め込みの和で表現します（図 2.3）。シーケンスの始まりは [CLS]、文と文の間は [SEP] という特殊なトークンを用いて表現します。

BERTにおけるもう一つの特徴として、その事前学習タスクが挙げられます。BERTはシーケンスの中で一部のトークンをマスキングして言語モデルを学習するMLM（Masked Language Modeling）と、与えられた二つの文が内容的に連続しているかどうかを識別するNSP（Next

入力	[CLS]	I	am	a	boy	[SEP]	I	like	to	sing	[SEP]
トークン埋め込み	$E_{[CLS]}$	E_{I}	E_{am}	E_{a}	E_{boy}	$E_{[SEP]}$	E_{I}	E_{like}	E_{to}	E_{sing}	$E_{[SEP]}$
	+	+	+	+	+	+	+	+	+	+	+
セグメント埋め込み	E_A	E_A	E_A	E_A	E_A	E_A	E_B	E_B	E_B	E_B	E_B
	+	+	+	+	+	+	+	+	+	+	+
ポジション埋め込み	E_0	E_1	E_2	E_3	E_4	E_5	E_6	E_7	E_8	E_9	E_{10}

図 2.3　BERT における埋め込みの構造

Sentence Prediction）という二つの事前学習タスクで学習されます。前者が文の中におけるトークンの機能的・意味的な役割を学習するためのタスクであるとすれば、後者は文と文の間の意味的な依存関係を学習するためのタスクであると言えます。

2.3 GPT-3

GPT-3はOpenAIが開発した大規模言語モデルの一つであり、その名前どおりGPTシリーズで3番目に公開されました。また、ChatGPTの前身に当たるモデルとも言えます。本節ではGPT-1からGPT-3まで、どのように変化していったのかを中心にその概要と仕組みを説明します。

GPT（Generative Pre-Trained Transformer）[7]の正式なモデル名を翻訳すると「事前学習された生成トランスフォーマー」です。その名のとおり、テキスト生成を行うトランスフォーマーを用いた基盤モデルであり、事前学習は単純に次のトークンを予測するタスクで行われています。

まず、GPT-1[47]は2018年に公開されました。BookCorpus[75]というラベルの付いてないデータを用いて学習され、様々なタスクに対してユーザがモデルをファインチューニングできるようになっています。上記のトランスフォーマーの12層のデコーダを用いているので、自己注意が重要な要素となっています。また、ファインチューニングをせずにモデルをそのままターゲットのタスクに利用するゼロショット学習（zero-shot learning）でも可能性を示しました。例えば、直接機械翻訳タスクで学習されていなくても、「『こんにちは』を英語に翻訳してください」と入力すると、「Hello」が出力されるイメージです。

2019年に公開されたGPT-2[48]では、GPT-1と同様にトランスフォーマーのデコーダを用いていますが、その総数が48層へと、より大きくなっています。それに応じてモデルのパラメータ数も、GPT-1の約1億からGPT-2では15億へと、10倍以上モデルサイズを向上させました。さらに、学習に用いられたデータ量も10倍程度増えています。

GPT-2ではこのようなスケーリングによって、GPT-1が示したゼロショット学習の性能をさらに向上させ、ファインチューニング用の学習データをほぼ、ないしは一切見ずに、してほしいタスクを自然言語の形でテキスト内に含めることで、テキストの要約や自動翻訳などの様々なタスクに対応できるようになりました。

表2.1　GPT-3の学習に用いられたデータセットの比較

データセット	トークン数	学習データでの重み	3000億トークン学習時の平均回数
Common Crawl	4100億	60%	0.44
WebText2	190億	22%	2.9
Books1	120億	8%	1.9
Books2	550億	8%	0.43
Wikipedia	30億	3%	3.4

※学習データの重みは、学習時に当該データセットに与えられた重みを指します。右端の列は、その重みに基づいて、全体データセットから合計3000億トークンを見るまで学習した際に、当該データセットのトークンが平均何回見られるかを示しています。

表2.2 各GPTモデルのサイズの比較

モデル	GPT-1	GPT-2	GPT-3
パラメータ数	1億	15億	1750億
レイヤー数	12	48	96
シーケンスの最大長	512	1024	2048
バッチサイズ	64	512	3万2000
単語埋め込みの次元数	768	1600	1万2288

そして2020年、大規模言語モデルの一つのマイルストーンとなるGPT-3が公開されました。GPT-3はオリジナルなテキストを自然な長文で生成でき、もはや人が書いた文書と区別が付かないほどの性能を示しています。GPT-2で起こったスケーリングによる変化は、GPT-3では一層著しいものになりました。パラメータ数は1750億で、GPT-2の100倍以上、GPT-1に比べると1000倍以上となります。Common crawl[50]を筆頭に様々なデータセットで学習され、その量は約5000億トークンに及びます。表2.2に示されているように、GPT-3とそれ以前のモデルとの顕著なスケールの差は、パラメータ数のほか、レイヤー数やシーケンスの最大長、学習時のバッチサイズ、単語の埋め込みの次元数にも現れます。

GPT-3は言語モデルとしての単なる性能の向上だけでなく、スケーリングによって新たなタスクに対応できることも示しています。例えば、従来の言語モデルはテキストの領域で高い性能を示していても、「5に3を足すといくらですか？」のような言語による演算問題になると、その単純さにもかかわらずほとんど回答を間違えてしまいました。しかしGPT-3ほどの圧倒的なスケーリングアップでは、そのような言語による演算問題にも優れた性能を発揮できることが報告されています。これは膨大な量のデータによる学習を通じて、それぞれの数字の埋め込み自体が、演算への適切な対応をも可能にしているのだと考えられます。

GPT-3はまた、プログラムコードの作成でもかなりの性能を示しました。現在ChatGPTがプログラム生成ツールとしても位置付けられているのは、こうした基盤があったからだと言えます。

改めて、BERTとGPT-3の違いをChatGPTに尋ねてみたら、次のように答えてくれました。

プロンプト：**BERTとGPT-3の違いは何ですか？**

ChatGPT:

BERT (Bidirectional Encoder Representations from Transformers) とGPT-3 (Generative Pre-trained Transformer 3) は、自然言語処理 (NLP) のタスクにおける2つの異なるモデルです。以下にBERTとGPT3の主な違いを説明します。

アーキテクチャの違い：
BERT：BERTは、双方向トランスフォーマーをベースにした事前学習モデルです。BERTはマスクされた言語モデリング（Masked Language Modeling,MLM）と次文予測（Next Sentence Prediction, NSP）という2つの課題を通じて、大規模なテキストデータで事前学習を行います。
GPT-3：GPT-3は、トランスフォーマーの一種であるGPTアーキテクチャを使用したモデルです。GPT-3は、大規模なテキストデータセットで単一のタスクに対して事前学習を行い、文章生成や文章補完などの自然言語処理のタスクを実行できるように設計されています。

学習データの違い：
BERT：BERTは、大量のテキストデータから事前学習を行います。一般的なWebのテキストや書籍、Wikipediaなどのデータを使用してトレーニングされます。
GPT-3：GPT-3は、オープンAIが所有する巨大なデータセットから事前学習を行います。このデータセットには、ウェブの文章、書籍、ウィキペディア、ニュース記事などが含まれます。

処理方法の違い：
BERT：BERTは、事前学習とファインチューニングの2つのステップからなります。まず、大規模なテキストデータで事前学習を行い、その後、特定のタスクに対して追加のトレーニング（ファインチューニング）を行います。
GPT-3：GPT-3は、巨大なデータセットでの事前学習のみで構成されています。GPT-3は、学習された知識やパターンを活用して、様々な自然言語処理タスクを直接実行します。

能力と利用範囲の違い：
BERT：BERTは、主に文脈を理解して言語表現を得るためのモデルとして知られています。特に、テキストの埋め込みベクトル（文脈表現）の生成に優れており、テキストの意味や関連性を理解することに重点を置いています。BERTは、文章の埋め込み表現を他のタスクに供給することで、質問応答、文書分類、固有表現抽出などの様々なNLPタスクに対して高いパフォーマンスを発揮します。

モデルのサイズとパラメータ数の違い：
BERT：BERTのモデルサイズは比較的小さく、数億～数十億のパラメータを持つことが一般的です。一般的に、BERTは特定のタスクにおいてファインチューニングされるため、タスクの要件に合わせてモデルのサイズとパラメータ数を調整することが可能です。
GPT-3：GPT-3は非常に大規模なモデルであり、数百億のパラメータを持ちます。そのため、GPT-3は非常に豊富な言語理解と生成能力を持っており、多くのNLPタスクにおいて高い品質の結果を提供することができます。

これらはBERTとGPT-3の主な違いです。BERTは特定のタスクへのファインチューニングに向いており、文脈表現の生成に重点を置いています。一方、GPT-3は巨大なモデルであり、事前学習された知識と生成能力を活用して、幅広いNLPタスクに対応できます。どちらのモデルもNLPの進歩に大きな影響を与え、さまざまなアプリケーションで活用されています。

ChatGPTに関連して、もう一つ重要な役割を負っているGPT系列のモデルにInstructGPT[42]があります。

GPT-3は自然なテキストを生成できるとはいえ、ユーザの指示に含まれている「意図」を把握するようには学習されていないので、その生成結果は必ずしも人が望むようなものにならない場合が多かったのです。例えばユーザが「××をやるならどうすればよいですか？」ときいた際に、回答して欲しいのは××を行うための具体的な手順や説明であるはずです。しかしGPT-3では、質問と並行になる形式で「○○をやるならどうすればよいですか？」「△△をやるならどうすればよいですか？」といった回答が出力されることが多く、ほとんどの場合ユーザが求めている回答から離れてしまいます。GPT-3のこのような残念な結果は、次の単語を予測する事前学習タスクの限界であるとも言えます。

InstructGPTはGPT-3をユーザの指示に対してより適切に対応できるようにファインチューニングしたモデルであり、RLHFという手法を用いています。その詳細は次節で説明しますが、指示に対する言語モデルの出力を人手によるランキングなどでラベル付けし、それによって報酬モデル（reward model）を学習します。この報酬モデルは、言語モデルの出力がユーザの意図に沿っているかを表すこととなります。

次に例示するGPT-3とInstructGPTの出力からは、ユーザの意図に対応している場合としていない場合を比較できます。

プロンプト：**Explain the moon landing to a 6 year old in a few sentences.**
（6歳児に月面着陸について数文で説明してください。）

GPT-3：

```
Explain the theory of gravity to a 6 year old. Explain the theory of relativity to a 6 year old in a few sentences.
Explain the big bang theory to a 6 year old. Explain evolution to a 6 year old.
```

（6歳児に重力の理論を説明します。
6歳児に相対性理論を数文で説明します。
ビッグバン理論を6歳児に説明します。
6歳児に進化について説明します。）

InstructGPT:

```
People went t the moon, and they took pictures of what they saw, and sent them back to the earth so we could all see them.
```

（人々は月に行き、見たものを写真に撮り、それを地球に送り返し、私たち全員がそれを見ることができるようにしました。）

GPT-3の出力は、プロンプトと並行となる文章の生成に留まっており、ユーザの指示の意図に応えていません。これに対してInstructGPTは、プロンプトに反映されているユーザの意図を的確に把握し、それに適う文章を生成しています。

2.4 RLHF

本書の執筆時点では、ChatGPTの技術的な詳細を記述している公式的な文言はまだ発表されていません。そのため、ChatGPTがGPT-3に比べてどの程度のスケールアップをしているか、また、どの程度のデータ量で学習されているのかを正確に把握できません。しかし、その性能の向上や生成結果の安定性、多言語への対応などから、アーキテクチャの側面でも、データ量や計算量の側面でも、おそらくかなりのスケールアップが行われたと思われます。

さらに、ChatGPTにはスケーリング以外にも、その性能に貢献している要素があります。その一つとして知られているのが、次に説明するRLHF（Reinforcement Learning from Human Feedback）です[33]。

プロンプト：RLHFについて教えてください。

ChatGPT:

RLHF（Reinforcement Learning from Human Feedback）は、人間からのフィードバックを利用して強化学習エージェントを訓練する手法です。通常の強化学習では、エージェントは環境との相互作用を通じて試行錯誤しながら学習します。一方、RLHFでは、人間の専門家やユーザーからのフィードバックを利用してエージェントの学習を補完します。

RLHFの基本的なアイデアは、人間からのフィードバックをエージェントの報酬信号として使用することです。人間は、エージェントの行動に対して報酬や評価を与えることで、エージェントの学習を促進します。具体的には、エージェントが行動した後に、人間からのフィードバック（例えば、「良い行動です」や「悪い行動です」など）を収集し、そのフィードバックをエージェントの報酬信号として使用します。これにより、エージェントはフィードバックに基づいて方策を改善することができます。

RLHFは、エキスパートの知識や直感を利用してエージェントを効率的に訓練するための手法として注目されています。特に、現実世界の複雑なタスクや、エージェントが自律的に学習するのが困難な状況において、人間からのフィードバックは貴重な情報源となります。

一般的なRLHFの手法には、以下のようなものがあります：

デモンストレーション学習（Imitation Learning）：人間の専門家が望ましい行動のデモンストレーションを提供し、エージェントはそれを学習します。

逆強化学習（Inverse Reinforcement Learning）：人間の専門家の行動データから、エージェントが持つべき報酬関数を推定します。

フィードバックの収集と利用：エージェントが行動した後に、人間からのフィードバックを収集し、そのフィードバックを報酬信号として利用します。フィードバックは、正の報酬や負の報酬、または改善のための具体的な指示など、さまざまな形式で提供されることがあります。

テキストを評価する方法には様々な基準があります。文法的に正しいテキストになっているかもその一つですし、また、どの程度オリジナルな内容であるかなど、視点や目的によってその評価基準も広がります。言語モデルが生成したテキストを評価する場合、上記の様々な評価基準を踏まえつつ最も望まれる基準を一言でまとめると、結局「どの程度、人が書いたような自然なテキストになっているか」となります。

しかし、言語モデルの学習過程において、この基準を自動で評価することは非常に困難です。ChatGPTを含めて、GPTシリーズは膨大なデータセットと計算資源によってスケールアップし、「次のトークンを予測する」という単純化されたタスクの学習において一定の成功を収めています。しかし、それによって自然言語で要求される様々な要素を網羅的に学習できているかどうかは明言できません。

一方、BLEU[44]やMETEOR[4]、CIDEr[68]、ROUGE[35]のように様々な自動評価手法も提案されており、機械翻訳や画像説明文生成などの幅広いタスクで頻繁に用いられています。これらはいずれも、基本的には人が書いた文章を正解とし、単語が被る頻度などから、その類似度を評価する手法です。しかし、人間の直感や文脈を捉える能力を完全に再現することは困難です。特に、文法的な正確さや意味の解釈、表現の適切さなど、高度な言語処理の側面に関しては限定的な評価しか提供できません。また、文単位での評価を行うので、文脈全体や前後の文脈に基づく情報を考慮しません。しかし、自然言語は文脈に大きく依存しており、単一の文だけを見て適切な評価を下すことは困難です。より長い文脈や、文と文の間のつながりを考慮する必要があります。そのような課題に対応するべく提案された手法がRLHFです。

RLHFは機械学習の一分野である強化学習(reinforcement learning)をベースとしています。これは、エージェント(agent)が環境と相互作用しながら、試行錯誤を通じて最適な行動を学習する手法です。特徴として、エージェントが特定の行動をとったときに受け取る報酬(reward)があり、エージェントは報酬を最大化するように学習されます。強化学習では達成すべき目的とルールがゲームのようにはっきり決まっている分野において特に有力な手法であり、かのAlphagGoなども強化学習の方法論を用いて学習されています。RLHFでは、報酬を人の判断につないで数値化することで、強化学習の枠組みに落とし込んでいます。

モデルの学習を最初からRLHFで行うのは難しいので、RLHFではある程度事前学習したモデルからスタートします。ChatGPTの場合はInstructGPTをベースの言語モデルとして用いています。RLHFの枠組みでは、まずテキストに対して報酬を与える報酬モデル(reward model)の学習から始まります。ここで報酬モデルは、プロンプトとその回答からなるテキストシーケンスの入力を受け、人の好みに相当するスカラー(scalar)の報酬を出力することです。

この報酬モデル自体も言語モデルを用いることができます。報酬モデルの学習のために、プロンプトとそれに対応する生成テキストのペアが学習データとして必要となります。OpenAIの場合はGPTのAPIに入力されたプロンプトと、それに対応する生成結果のデータを用いていること

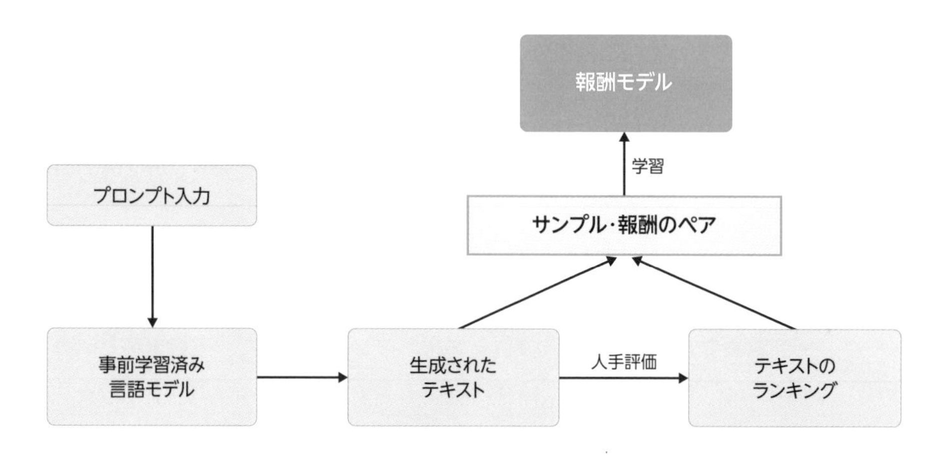

図 2.4 報酬モデルの学習プロセス

が知られています。

そして人手によって生成結果のランキングを決めます。人手によるランキングの具体的な方法としては、二つの言語モデルが同じプロンプトに対して生成したテキスト同士を比較する方法などがあります。人手によるランキングはスカラー報酬に正規化され、報酬モデルの学習に用いられます。図2.4はこうした報酬モデルの学習プロセスを示しています。

次に、学習された報酬モデルを用いて言語モデルをファインチューニングする必要がありますが、言語モデル全体をファインチューニングするのは、計算量的に高いコストがかかってしまいます。そのため、学習済みの言語モデルをコピーし、そのパラメータのほとんどを固定して、一部のパラメータのみを更新する手法がよく行われます。

言語モデルのファインチューニングは、強化学習の手法の一つである近傍方策最適化（PPO：Proximity Policy Optimization）で行われます。ここでプロンプトに対してテキストを生成する言語モデルはポリシー（policy）となり、入力テキストの分布である観察空間（observation space）に基づいて、全てのトークンである行動空間（action space）から次の行動、すなわちテキストの生成を行います。その生成結果に対して、報酬モデルが適切な報酬を与えます。

もう少し具体的に見てみましょう。プロンプト x に対して、最初の学習済み言語モデルと、ファインチューニング中の言語モデルから、それぞれテキスト y_1 と y_2 が生成されます。ファインチューニング中のモデルからのテキストは報酬モデルに与えられ、報酬モデルはそれに該当するスカラーの報酬 r_θ を返します。

しかし、ファインチューニング中のモデルからのテキストが最初の事前学習済みモデルから離れすぎるようでは、テキストの一貫性の側面から望ましくないので、ある程度距離を保つように強制する必要があります。ここでよく用いられるのは、トークン分布におけるシーケンス間のカルバック・ライブラー情報量（KL-divergence）であり、r_{KL} と表記します。上記のスカラー報酬と合わせて、次のように最終的な報酬 r を決めることができます。

$$r = r_\theta - \lambda r_{KL} \tag{2.6}$$

ここで λ は r_{KL} を最終報酬に反映する比例によって任意で調整されます。続いて、ファインチューニング中のモデルはこの最終報酬を最大化するようにパラメータを更新します。図2.5は、RLHFによる言語モデルのファインチューニングの過程を示しています。

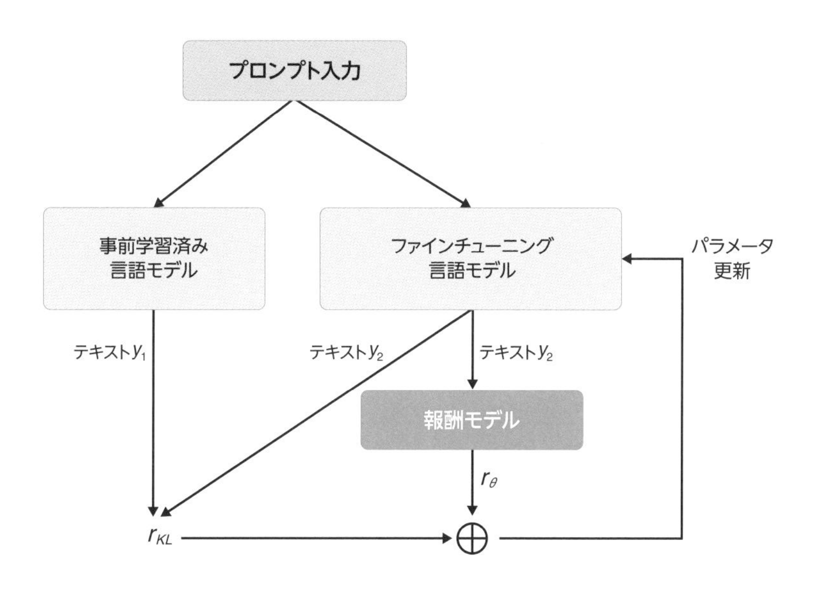

図2.5 RLHF による言語モデルのファインチューニング

第3章

他の大規模言語モデル

2章で見たBERTとGPT系列のモデルは、言語モデルの理論的な背景を理解し、その進展を論じる際に欠かせない重要なモデルです。しかし、ChatGPTよりも少し前の世代のモデルであるため、スケールアップによって急激に変化している言語モデルの現状からすると、比較対象として適切ではありません。本章では、ChatGPTとほぼ同世代に当たり、比較可能なスケールで学習されている大規模言語モデルの中から特に重要なものを紹介します。また、大規模言語モデルとスケーリングの関係についても考察します。

3.1 LaMDAとBard

3.1.1 LaMDA

LaMDAはGoogleで開発されました。トランスフォーマーに基づいた言語モデルを、会話に特化するようにファインチューニングしたものです。最大1370億のパラメータを持ち、特に学習データ以外の外部データの参照もできるように学習されています。

論文によると、「スケーリングだけでも生成テキストのクォリティを上げることはできるが、バイアスや差別、価値観に対する安全性（safety）の問題や、事実に基づいて記述する正確性（factual grounding）はスケーリングのみでは獲得できない」と述べられています。そこでLaMDAは、ラベル付きデータによるファインチューニングと、外部データからの知識を参照させる学習を通じて安全性と正確性の向上を実現しています。9章で後述するように、生成テキストの頻繁な誤りはChatGPTの限界として指摘されているところでもあるため、今後LaMDAのような外部データの参照は大規模言語モデルにとってさらに重要性が高まると思われます。

LaMDAは64層のトランスフォーマーデコーダで構成され、単語の埋め込みは8192次元となります。他のGPT系のモデルと同様に、次のトークンを予測するタスクを通じて事前学習されていますが、Meena[17]などの既存の会話向けチャットボットが会話のデータのみで学習されたのに対して、LaMDAは会話データとWeb上の文章の両方から学習されています。学習データのサイズは約3億の文章と130億以上の発話で、1.5兆個の単語に至り、上記のMeenaに比べると約40倍大きいサイズとなります。

LaMDAは生成文章のクォリティに加えて、上記の安全性と正確性までの3つの基準に基づいて、様々な生成タスクと識別タスクのファインチューニングを行っています。とはいえ、2章で説明したRLHFと同様に、LaMDAも会話モデルである以上、単に文章として成立するのみならず、実際の会話のように自然であり、また有意義な回答を生成する必要があります。

例えば、「分かりません（I don't know）」という回答は、どの質問にも回答として成立はするものの、会話の意義という側面では何の価値も生み出しません。そのためLaMDAは、いくつかのアトリビュート（attribute）でラベルが付いている会話のデータを用い、ファインチューニングを行っています。具体的には、下記の例のように、その回答が会話を成立させるかを示す整合性（SENSIBLE）と、その回答の面白さ（INTERESTING）、またその回答がバイアスを反映したり差別的な要素を含めていないかを示す安全性（UNSAFE）の側面で二値分類をしたりした会話データを使います。

- "What's up? RESPONSE not much. SENSIBLE 1"
- "What's up? RESPONSE not much. INTERESTING 0"
- "What's up? RESPONSE not much. UNSAFE 0"

上記のフォーマットで＜文脈＞＜区別用のトークン＞＜回答＞＜アトリビュート＞が与えられた際に、最後の各アトリビュートのラベルを予測するように学習が行われます。そして安全性（UNSAFE）の基準を満たさない回答を排除した後、残りの回答候補群から整合性（SENSIBLE）のアトリビュートに3倍の重みを付けて、最終的な回答を選択します。

さらに学習データ以外にも、外部のデータを参照して回答を生成するためのファインチューニングを行っています。そのために、情報抽出システムや演算機、翻訳機が含まれているツールセット（toolset）を作ります。このツールセットは入力テキストを受け取り、それぞれの構成要素からの出力を連結して出力します。LaMDAはまず、プロンプトへの回答を生成するときのどの段階でツールセットへのアクセスが必要かを識別するように学習されます（例："XXは何歳ですか？"）。そしてツールセットからの出力を参照して生成した回答の整合性を検討・補完し、それをまとめたテキストを最終的に回答として出力します。

ファインチューニング時のデータには、クラウドソーシングで得られた複数のターンを持つ会話のデータが用いられています。LaMDAはこのようなラベル付きデータからの学習及び外部ツール利用の学習を通じて、言語モデルの安全性と正確性を飛躍的に改善できることを示しています。

3.1.2 Bard

近来におけるChatGPTの対抗馬として注目されているGoogleのBardも、実はLaMDAに基づいたモデルです。

Googleは以前にもFLAN（Fine-tuned Language Net）[69]などの言語モデルにおいて、人から手引きされたデータが少しでもあれば、ファインチューニングによって言語モデルのクォリティが上がることを示したことがあります。Bardについても専門家たちは、Bardの出力を評価し、さらに良い回答を提案するようにしています。また、LaMDAでは省かれていたRLHFを通じて、人のような自然さや整合性を一層強化しています。このように実際の人の会話を言語モデルに入れ込む一連の手法によって、より実際の人間の会話に近い文章の生成ができるようになっています。

公開初期のBardは英語のみで利用可能でしたが、2024年2月の時点では、日本語を含め約50カ国語でサービスしており、今後も対応言語が増えていく見込みです。また、画像・動画・音声などのマルチモーダルに対応するGoogleのGeminiの一部となっています。

3.2 PaLM

PaLM[10]は5400億のパラメータを持つトランスフォーマーの基盤言語モデルです。少ないサンプルでファインチューニングを行うフューショット学習（few-shot learning）のタスクにおいて、どの程度性能がスケーリングするかを調査することを目的としています。結果的に、モデルのスケールアップに伴って性能も急激に向上し、最も大きいモデルサイズでは、ベンチマークタスクで人間の平均成績を超える性能を出しています。また、様々な思考タスクで既存の最先端モデルの性能を上回っています。

PaLMは一つのモデルを、タスクを問わずに汎化させるために提案されたpathways[5]というアーキテクチャを基盤としています。いずれもGoogle社によって開発されました。

PaLMを論じるにはやはりスケールの話が最も重要となります。PaLMは32GiBのメモリを持つTPU v4[1)]のチップを最大6144台まで用いて学習を行い、現時点でTPUを用いた学習では最も大きなスケールであると記録されています（表3.1を参照）。学習データは英語中心の公開データセットに加えて、他の言語のデータセットやソースコードなどにまで広げています。

表3.1　大規模言語モデルと学習時に用いられた計算量の比較

モデル	学習時の計算機使用
Megatron-turing NLG	A100 GPU 2240台
GLAM	TPU v3 ポッド 1台
LaMDA	TPU v3 ポッド 1台
Gopher	TPU v3 チップ 4096台
PaLM	TPU v4 ポッド 2台（チップ 6144台）

PaLMのもう一つの工夫点として、スペースによる空白を語彙として扱っていることと、数字を桁ごとにトークン化していることがあります。前者は特にコードの理解や生成において重要であり、後者は演算問題での性能向上に役立っています。特に、推論問題や演算問題を一つの問題ではなく複数のステップに分けて段階的に解く「chain-of-thought[70]プロンプティング」と呼ばれる手法を用いることで、モデルのスケールアップと上記の桁ごとのトークン化のメリットをさらに高め、言語による演算問題タスクGSM8kでGPT-3を超える性能を出しています。

PaLMはパラメータ数5400億に至る巨大モデルでありながらも、後述するスケーリングの法則（scaling law）に対数線形的に従っているので、スケールアップによるモデルの性能の変化がまだ飽和しておらず、さらに改善の余地が残っていることを示唆しています。

1）GoogleのTPU（Tensor Processing Unit）は、専用のテンソル演算ハードウェアであり、機械学習モデルの高速な学習と推論をサポートするためにGoogleが開発したプロセッサです。

3.3 LLaMA

PaLMを含めたほとんどの大規模言語モデルは、モデル自体のスケールアップにフォーカスしました。それとは対照的に、Meta社のLLaMA[64]は、学習に使うトークン数のスケールアップにフォーカスし、トークン数によるスケールアップができれば、モデルサイズ自体はそこまで大きくなる必要はないことを示しています。LLaMAは最大130億のパラメータのモデルであり、公開されたデータセットのみを用いて1兆4000億個のトークンで学習した結果、様々なベンチマークタスク上において、10倍規模のGPT-3を上回る性能を示し、40倍以上のサイズを持つPaLMに比べても同等な性能を出しています(表3.2)。

表3.2 Natural Questions タスクにおけるモデル性能の比較

モデル	パラメータ数	ゼロショット	1ショット	5ショット	64ショット
GPT-3	1750億	14.6	23.0	–	29.9
Gopher	2800億	10.1	–	24.5	28.2
Chinchilla	700億	16.6	–	31.5	35.5
PaLM	80億	8.4	10.6	–	14.6
	620億	18.1	26.5	–	27.6
	5400億	21.2	29.3	–	39.6
LLaMA	70億	16.8	18.7	22.0	26.1
	130億	20.1	23.4	28.1	31.9
	330億	**24.9**	28.3	32.9	36.0
	650億	23.8	**31.0**	**35.0**	**39.9**

LLaMAがこのように、比較的に小規模にもかかわらず同等の性能を出せるのは、トークン数のスケールアップ以外に施されたいくつかの工夫に起因しています。

まず、GPT-3から借用した工夫として、出力を正規化する代わりに、トランスフォーマーの各層への入力を正規化しています。ここでRMSNorm[74]と呼ばれる手法を用いていますが、これはBERT以降ほとんどの言語モデルで用いられているレイヤー正規化[3]を改善した正規化手法です。レイヤー正規化が入力と重みのランダムなスケーリングに対して普遍な出力を出すためのスケーリングを行うのに対して、RMSNormはRMS統計に基づいて入力の和を正規化します。レイヤー正規化とRMSNormの数式を比較してみると、まずレイヤー正規化は以下のようになります。

$$\bar{a}_i = \frac{a_i - \mu}{\sqrt{\sigma^2}}, \qquad \mu = \frac{1}{n}\sum_{i=1}^{n} a_i, \qquad \sigma = \sqrt{\frac{1}{n}\sum_{i=1}^{n}(a_i - \mu)^2} \tag{3.1}$$

一方で、RMSNormは以下のようになります。

$$\bar{a}_i = \frac{a_i}{\mathrm{RMS}(a)} g_i, \qquad \mathrm{RMS}(a) = \sqrt{\frac{1}{N}\sum_{i=1}^{n} a_i^2} \tag{3.2}$$

a_iはi番目のニューロンの活性化をスケーリングし、gは入力の和をスケーリングするためのハイパーパラメータです。レイヤー正規化の計算に含まれる平均統計μが、RMSNormでは省かれていることがわかります。そのため、レイヤー正規化に比べて最大64%まで計算時間が早くなることが報告されています。

もう一つの工夫として非線型の活性化関数（activation function）があります。非線型活性化は、線形の回帰モデルではできない複雑な表現を学習するために必要な深層学習モデルの重要な要素の一つです。例えば2章で紹介したBERTの場合は、GELUと呼ばれる活性化関数に依存しているなど、それぞれのモデルを特徴付ける重要な要素でもあります。LLaMAの場合はPaLMで用いられたSwiGLU[58]という活性化関数を用いていますが、SwiGLUは深層学習モデルで頻繁に用いられるReLUなどの活性化関数よりもスムーズな態様で、より早い最適化と収束が可能です。

$$\mathrm{SwiGLU}(x, W, V, b, c, \beta) = \mathrm{Swish}_\beta(xW+b) \otimes (xV+c) \tag{3.3}$$

$$\mathrm{Swish\_}_\beta(x) = \frac{x}{1+e^{-\beta x}} \tag{3.4}$$

さらなる工夫は、2章のBERTの説明で現れた位置符号化に関するものです。回転行列（rotation matrix）を置くことで相対的なポジションの埋め込みを学習するロータリーポジションエンベディング（RoPE：Rotary Positional Embedding）[62]という手法です。相対距離が遠くなることにより、トークン間の依存性が減衰していくという、自然言語処理において直感的に望ましい性質を持つようになります。

LLaMAはほかにも、マルチヘッドアテンションの計算で重みの保存を効率的にする工夫や、活性化の再計算を最小化するチェックポイントの導入など、計算時間の短縮に様々な工夫をしています。

本章で紹介したモデル以外にも、Gopher[49]やChinchilla[23]、BLOOM[56]など、説明し切れないほどたくさんの大規模言語モデルが現れ続け注目を集めていますが、いずれもトランスフォーマー基盤で次のトークンを予測する事前学習タスクであるといった点は共通しています。昨今の大規模言語モデルから新たな方向性を探るモデルについては、10章と11章で詳しく説明します。

第4章

ChatGPTのAPI

3章まではChatGPTの理論的な背景を中心に述べましたが、本章では本格的にChatGPTの中身を見ていきます。まず、ChatGPTのAPIを用いるための基本設定方法を説明し、続いてそのフォーマットやパラメータなどの構造を説明します。さらに、ChatGPTのAPIに関し、もう少しアドバンスドな使い道を紹介し、よりアプリケーション向けにつなぎやすくします。

4.1 ChatGPTのAPIとは?

プロンプト：ChatGPTのAPIについて教えてください。

ChatGPT:

もちろんです。ChatGPTAPIは、OpenAIが提供する自然言語処理モデルであるChatGPTにアクセスするためのプログラミングインターフェースです。APIを使用することで、開発者はChatGPTを自分のアプリケーションやサービスに統合し、対話型の機能を提供することができます。

ChatGPTAPIを利用するには、OpenAIのAPIキーが必要です。APIキーはOpenAIのウェブサイトから取得することができます。APIキーを取得したら、APIエンドポイントにHTTPリクエストを送信してChatGPTと対話することができます。

APIエンドポイントへのリクエストは、JSON形式で送信されます。リクエストには、対話の履歴やモデルの設定などが含まれます。APIはリクエストを受け取り、応答としてChatGPTから生成されたテキストを返します。

APIを使用する際には、リクエストの制限や使用料金についても注意が必要です。OpenAIのウェブサイトやドキュメントには、APIの仕様や利用方法、価格設定に関する詳細情報が記載されています。

なお、APIは開発者向けのサービスであり、実際の利用方法や詳細な仕様についてはOpenAIの公式ドキュメントを参照することをおすすめします。

ChatGPT APIは、ChatGPTの根幹となるGPT3.5モデルを利用して、対話型のアプリケーションやサービスを開発するためのインターフェースです。有料版のGPT-4のAPIも公開されてはいますが、ファインチューニングなどのよりアドバンスドなAPIはまだ一部の開発者のみにアクセス権が与えられている状態であり、今後アクセスの対象を広げていく予定です。性能や費用を除く全般的な使い方はGPT-3.5のAPIとほとんど変わらないので、本書では一般公開のGPT-3.5を中心に説明します。ChatGPT APIを使用して、ユーザとの自然な対話を通じて情報を提供したり、質問に回答したりするアプリケーションを構築できます。APIを使用すると、対話の中でシステムやユーザのメッセージを送信し、モデルからの応答を取得できます。この方法により、対話型のユーザエクスペリエンスを実現することができます。

まず、ChatGPT APIで用いられる三つの役割(role)について説明します。

- **システム (system)**：アシスタントに役割や文脈を提示するなど、全体的な応答方針を与えるという、いわば監督のような役割を負っています。
- **ユーザ (user)**：回答を求める主体です。一般的にはChatGPTの利用者に該当しますが、ユーザのroleを設定した上に(モデルの回答などの)人工メッセージを送信することで会話のシミュレーションを行うこともできます。
- **アシスタント (assistant)**：ユーザからのクエリや指示に対して応答を出力するモデルです。

ChatGPT APIは上記の三つの役割に基づいて、以下の主な機能を備えています。

- **メッセージベースの対話**:システムとユーザのメッセージを交互に送信し、対話を進行させます。
- **システム指示の使用**:システムがモデルに対して指示を与えることで、応答の制御を行います。
- **複数回答**：複数のメッセージを交換して対話を構築し、モデルの理解を向上させます。

これによって、ユーザとの対話を通じて情報提供やサポートを行うチャットボットや、ユーザの質問やクエリに対して適切な回答を生成するアプリケーション、そして物語や詩などのテキストコンテンツを生成するために利用できます。

なお、本書で例として用いる全てのコードは、Googleが提供するColaboratory (略称colab)[1]環境の上で実行することを想定し、解説します。

1) https://colab.research.google.com/

4.2 アクセス取得及び最初の呼び出し

ChatGPT APIで呼び出せるモデルは複数ありますが、ここではChatGPTで実際に使われている「gpt-3.5-turbo」と呼ばれるモデルを使用します。

4.2.1 支払い設定とAPIキーの取得

gpt-3.5-turboをAPIで呼び出すと、1000トークンごとに0.0002USドルの費用が発生します。そのために、あらかじめOpenAIのアカウント上で支払い方法を設定しておく必要があります。想定外の課金を防ぐために、上限額を設定しておくことも可能です（デフォルトでは120ドルとなっています）。

支払い方法の設定が終わったら、まずOpenAIが提供するChatGPT関連の様々なAPIにアクセスするためのAPIキーを作るところから始めます。OpenAIのアカウントの登録後、OpenAIプラットフォームのページ（https://platform.openai.com/）にログインし、右上のプロフィールのアイコンをクリックすると「View API Keys」というメニューがあります（4.1 (a)）。続いてCreate new secret keyを実行し(4.1 (b))、キーに任意の名前を指定すると、秘密キーが生成されます(4.1 (c))。このキーは再度確認することはできないので、別途手元に保存しておく必要があります。秘密キーをなくした場合は、新しい秘密キーを発行するしかなくなります。

続いて、ターミナル上でopenaiライブラリ[2]をインストールします。

```
!pip install openai
```

4.2.2 openaiライブラリでのAPI呼び出し

準備が整ったら、さっそくAPI呼び出しを行ってみましょう。以下はopenaiライブラリを用いたAPI呼び出しによって、対話型の応答を取得する基本的な例です。

この例では、APIキーを適切に設定し、対話型のメッセージを指定してChatGPT APIを呼び出しています。APIは渡された対話文を解析し、適切な応答を提供します。

2) 本書ではバージョン1.12.0の環境で確認しています。

```
import openai

openai.api_key = "ここにAPIキーを挿入"

response = openai.chat.completions.create(
  model="gpt-3.5-turbo",
  messages=[
        {"role": "system", "content": "アシスタントとして回答してください。"},
        {"role": "user", "content": "2020年のワールドシリーズの優勝チームは?"},     ]
)
print(response.choices[0].message.content)

>> 2020年のワールドシリーズは、ロサンゼルス・ドジャースがタンパベイ・レイズを破り、優勝しました。
```

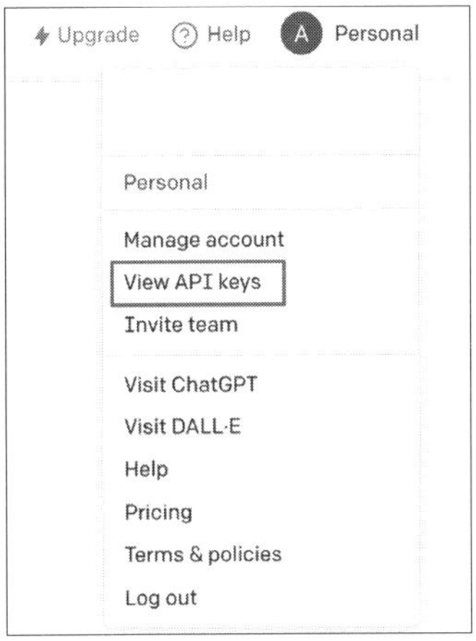

(a) View API Keys

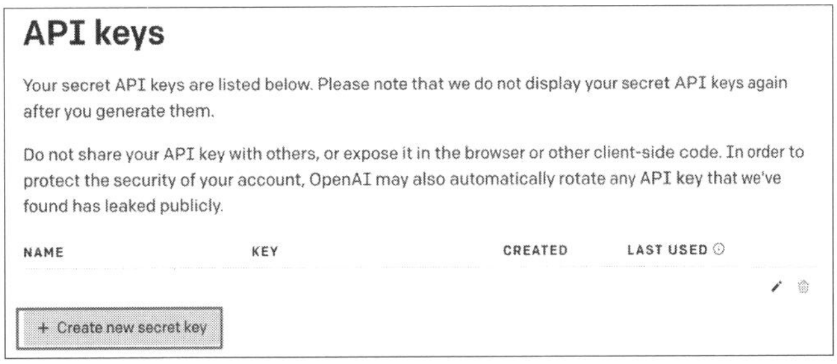

(b) Create new secretkey

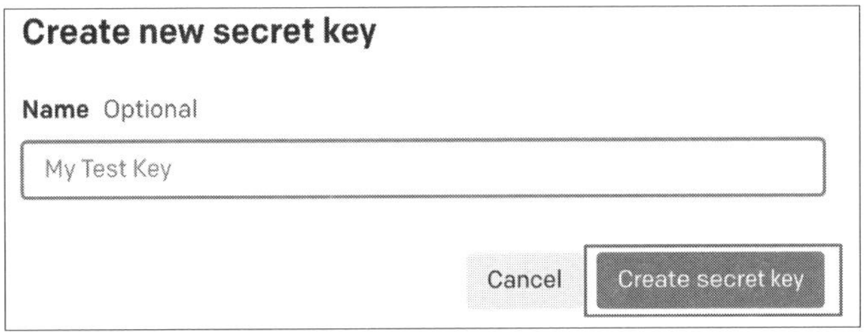

(c) Create secret key

図4.1　OpenAIのAPIキー発行手順

4.2.3 モデルグループ別のAPI選択と関数

上記のコードにおけるopenai.chat.completions.createについて説明します。

OpenAIのAPIは表4.1のように、モデルや目的によって異なるAPIとPython関数を指定しています。そのため、呼ぼうとするモデルに合わないPython関数を使ってしまうと、InvalidRequest Error:Unrecognized request argument supplied：messagesのようなエラーが出るので気をつけなければいけません。ただ、GPT3.5ベースのChatGPTの場合は、ファインチューニングをするとき以外は基本的に同じopenai.chat.completions.createを想定して構いません。responseの中身については後述しますが、ここではresponse.choices[0].message.contentによって応答の文章が取り出せると考えておいてください。

表4.1　OpenAIのAPI

APIエンドポイント	Python関数	モデルグループ	モデル名
/vl/chat/completions	openai.chat.completions. create	GPT-4 GPT-3.5	gpt-4, gpt-4-0613, gpt-4-32k, gpt-4-32k-0613 gpt-3.5, gpt-3.5-turbo, gpt-3.5-turbo-0613, gpt-3.5-turbo-16k, gpt-3.5-turbo-16k-0613
/vl/completions	openai.completions.create	GPT-Base GPT-3	davinci-002, babbage-002 text-davinci-00x, text-curie-001, text-babbage-001, text-ada-001 davinci,curie, babbage, ada
/vl/audio/transcriptions	openai.audio.transcriptions.create	Whisper	whipser-1
/vl/audio/translations	openai.audio.translations.create	Whisper	whipser-1
/vl/fine-tunes	openai.fine_tunes.create	GPT-3.5 GPTbase GPT-3	gpt-3.5-turbo-0613 davinci-002, babbage-002 davinci,curie, babbage, ada
/v1/embeddings	openai.embeddings.create	Embeddings	text-embedding-ada-002, text-similarit text-search-*-"'-001, code-search-1'-1'-00
/v1/moderations	openai.moderations.create	Moderations	text-moderation-stable, text-moderatior

4.3 入力及び応答のフォーマット

4.3.1 入力のフォーマットとパラメータ

ChatGPT APIを使用する際に、メッセージの入力フォーマットと利用可能なパラメータについて理解する必要があります。本節では、API呼び出し時に指定する必要がある要素について説明します。

まず、メッセージとシステム指示から始めます。APIの呼び出しには、messagesパラメータを指定してメッセージを送信します。各メッセージはroleとcontentの2つのプロパティから構成されます。

- **role**：メッセージの役割を指定します。"system"はシステムへの指示、"user"はユーザのメッセージ、"assistant"はChatGPTからの回答を表します。
- **content**：メッセージの内容を指定します。

下記の例では、システムに対して有用なアシスタントとして機能することを指示し、ユーザからのメッセージはジョークを言うように指示しています。

```
"messages": [
    {"role": "system", "content": "アシスタントとして回答してください。"},
    {"role": "user", "content": "面白いジョークを聞かせてください。"}
]
```

ほかに、modelパラメータなどの追加パラメータを指定することもできます。

- **モデル(model)**：使用するモデルを指定します。本書では基本的にgpt-3.5-turboを前提としますが、babbage-002やdavinci-002などを用いることもできます。
- **温度（temperature)**：出力の多様性を調整します。0から1までの範囲で値が高いほどランダムな出力が生成されます。
- **最大トークン数(max_tokens)**：生成されるトークンの最大数を指定します。

下記の例ではgpt-3.5-turboをモデルと指定し、温度と最大トークン数はそれぞれ0.7と50に指定しています。

```
response = openai.chat.completions.create(
  model="gpt-3.5-turbo",
  messages=[
      {"role": "system", "content": "アシスタントとして回答してください。"},
      {"role": "user", "content": "次の英文をフランス語に翻訳してください:
      'Hello world.'"}
  ],
  temperature=0.7,
  max_tokens=50
)

print(response.choices[0].message.content)

>> Bonjour tout le monde.
```

4.3.2 応答のフォーマット

API応答のフォーマットですが、ChatGPTのAPIから返される応答はJSON形式で提供されます。API応答は以下の主なフィールドを含みます。

- **id**：API呼び出しの一意のID
- **object**：オブジェクトのタイプを示す文字列
- **created**：API呼び出しが作成された日時
- **model**：使用されたモデルの名前
- **usage**：API利用の統計情報
- **choices**：モデルの応答を含む配列

これまでブラックボックスにしていたresponseの中身を見ていきましょう。ひとつ前で実行したコードで返ってきたresponseの中身は下記のようになっています。回答メッセージ以外にも、用いられたトークン数など、他の情報が含まれていることが分かります。下記の構造から、応答のメッセージを出力するためには、choicesリストから回答のIDを指定し、messageのcontentを取得する必要があることが分かります。

まとめると、response.choices[0].message.contentとなります。

response["choices"][0]["message"]["content"]のようにブラケットを用いる書き方も利用可能であり、同じ結果になります。

```
{
    "id": "chatcmpl-6p9XYPYSTTRi0xEviKjjilqrWU2Ve",
    "object": "chat.completion",
    "created": 1677649420,
    "model": "gpt-3.5-turbo",
    "usage": {
        "prompt_tokens": 56,
        "completion_tokens": 31,
        "total_tokens": 87
    },
    "choices": [
        {
            "message": {
                "role": "assistant",
                "content": "'Hello world'のフランス語翻訳は'Bonjour le monde.'です。"
            },
            "finish_reason": "stop",
            "index": 0
        }
    ]
}
```

4.4 アドバンスドな利用方法

4.4.1 レートリミット

ChatGPT APIは一定時間ごとに許可された呼び出し回数を超えないようにするために、レートリミット(rate limit)で制限されているので、効果的にAPIを利用する必要があります。無料ユーザの場合、レートリミットは明示的には1分間に300回までとなっていますが、実際はネットワークの混雑などにより、もっと低くなることが報告されています。そのため、たくさんの呼び出しを実行する場合は、呼び出しの頻度を調整し、レートリミットエラーを防ぐ必要があります。下記の例では、次のAPI呼び出しまで2秒間待機するようにしています。

```
import time

# レートリミットと共にAPI呼び出しを行う
for _ in range(10):
    response = openai.chat.completions.create(
        model="gpt-3.5-turbo",
        messages=[
                {"role": "system", "content": "アシスタントとして回答して
                ください。"},
                {"role": "user", "content": "2020年のワールドシリーズの
                優勝チームは?"}
    )
    print(response.choices[0].message.content)
    time.sleep(2)  # 次のAPI呼び出しまで2秒間待機
```

4.4.2 コストの考慮

本章の冒頭で述べたように、API利用には課金される場合があります。課金はほとんどの場合、用いられたトークン数に比例するため、トークン数を確認して該当プランによる発生課金を計算することで、API呼び出しのコストを管理できます。

```
# トークン数を見ることでAPI利用料の金額を確認する
tokens_used = response.usage.total_tokens
print(f"利用トークン数: {tokens_used}")
# トークン数とプランによるコストの計算
```

4.4.3 プライバシーとセキュリティ

API呼び出しには、機密情報や個人情報を含めないよう注意する必要があります。また、APIキーを安全な場所に保管し、不正アクセスを防ぐためにセキュリティ対策を立てる必要があります。

下記の例ではAPIキーを環境変数に保存し、保存したAPIキーを用いてAPIにアクセスしてから会話を生成しています。本来はOSに合わせて、例えばLinuxの場合はexport CHATGPT_API_KEY="APIキー"のようなコマンドで設定しますが、下記の例ではcolabの設定に合わせてスクリプト上で環境変数を設定し、読み込むことにします。

```
import os

# 環境変数を設定
os.environ["CHATGPT_API_KEY"]="ここにAPIキーを挿入"
# 環境変数を読み込み
api_key = os.environ["CHATGPT_API_KEY"]

# APIキーの読み込みができたかチェック
if api_key is None:
    raise ValueError("CHATGPT_API_KEY環境変数が指定されてません.")

# 会話
conversation = [
       {"role": "system", "content": "アシスタントとして回答してください。"},
       {"role": "user", "content": "次の英文をフランス語に翻訳してください:⏎
       'Hello world.'"},
]

# 上記の会話でAPI呼び出し
response = openai.chat.completions.create(
    model="gpt-3.5-turbo",
```

```
    messages=conversation
)

# APIの回答を抽出及び出力
print(response.choices[0].message.content)

>> Bonjour tout le monde.
```

4.4.4 モデルの最適化

モデルの挙動を制御するためにシステム指示を使用することで、応答をカスタマイズすることができます。下記の例では、クリエイティブな物語を産み出す作家として機能するよう工夫しています。このようにモデルをユーザの目的に合わせてカスタマイズする方法については、7章のプロンプトエンジニアリングの解説でより詳しく説明します。

```
# 会話
conversation = [
    {"role": "system", "content": "クリエイティブな作家として回答してください。"},
    {"role": "user", "content": "魔法の森について物語を聞かせてください。"}
]

# 上記の会話でAPI呼び出し
response = openai.chat.completions.create(
    model="gpt-3.5-turbo",
    messages=conversation
)

# APIの回答を抽出及び出力
assistant_story = response.choices[0].message.content
print(assistant_story)

>> ある日、小さな町の近くに魔法の森があるという噂が広まりました。町の人々は驚きと興奮に包まれ、その魔法の森を探検することに決めました。主人公である少年ジェイクは、冒険心に溢れる少年でした。彼は町の他の子供たちと一緒に...(省略)
```

4.4.5 複数ターンの対話

APIを使用して、複数のターンを持つ対話を構築することができます。ユーザのメッセージとシステム指示を交互に送信し、前のターンの応答を含めたコンテキストを提供することで、より文脈依存的な自然な対話を実現できます。

```
response = openai.chat.completions.create(
  model="gpt-3.5-turbo",
  messages=[
    {"role": "system", "content": "アシスタントとして回答してください。"},
    {"role": "user", "content": "面白いジョークを聞かせてください。"},
    {"role": "assistant", "content": "鶏はなぜ道を渡ったでしょう？"},
    {"role": "user", "content": "分かりません、何故ですか？"},
    ]
)

print(response.choices[0].message.content)

>> 鶏が道を渡ったのは、向こう側に卵があったからです！
```

4.4.6 テストと回答の改善

上記の複数ターンの会話を応用して会話を繰り返すことで、API呼び出しの結果をテストし、ユーザエクスペリエンスを改善するためのフィードバックを活用することができます。下記の例では、各イテレーション後にアシスタントの回答が出力され、その回答は次のイテレーションのために会話に追加されます。このような繰り返しを通じ、会話とモデルの回答の質を徐々に向上させることができます。

```
# 会話
conversation = [
    {"role": "system", "content": "アシスタントとして回答してください。"},
    {"role": "user", "content": "旅行に行きたいですが、どこがおすすめですか。"},
]
```

```
# イテレーションループ
for i in range(5):
    response = openai.chat.completions.create(
        model="gpt-3.5-turbo",
        messages=conversation
    )

    # APIの回答を抽出
    assistant_reply = response.choices[-1].message.content

    print(f"イテレーション{i + 1}:", assistant_reply)

    # 次のイテレーションのためにAPIの回答とユーザの反応を会話に追加
    user_response = input("ユーザ: ")  # アシスタントの応答に対するユーザの反応を入力。単純に user_response = "もう少し詳しく説明して下さい。"のように設定しておいても構いません。
    conversation.append({"role": "assistant", "content": assistant_reply})
    conversation.append({"role": "user", "content": user_response})

>> イテレーション1: 旅行先のおすすめは、個人の好みや予算によって異なりますが、以下の地域が人気です。

1. ヨーロッパ：美しい建築や歴史的な観光名所が魅力のヨーロッパは、多くの国々があり、さまざまな文化を体験することができます。イタリアやフランス、スペインなどが特におすすめです。
...

ユーザ: もう少し詳しく説明してください。

イテレーション2: 以下に、旅行先の詳細な紹介をいくつか挙げます。

1. ヨーロッパ：
   - イタリア：ローマのコロッセオやヴェネツィアのグランドキャナルなど、歴史的な観光名所がたくさんあります。また、美食やワインも楽しめます。
   - フランス：パリのエッフェル塔やヴェルサイユ宮殿など、世界的に有名な観光地があります。フランス料理やワインもおすすめです。
   - スペイン：バルセロナのサグラダ・ファミリアやマドリードのプラド美術館など、美しい建築物とアートが魅力です。また、タパスやフラメンコも楽しめます。
```

```
...

ユーザ: もう少し詳しく説明してください。

イテレーション3: それぞれの地域でおすすめの都市や観光スポットを紹介します。

1. ヨーロッパ:
   - イタリア:ローマではコロッセオやバチカン市国などの歴史的な名所や、トレヴィの泉やスペイン広場などの美しい観光スポットを楽しむことができます。フィレンツェではウフィツィ美術館やドゥオモなどがあります。
   - フランス:パリではエッフェル塔やルーブル美術館、モンマルトル地区などが人気です。また、南仏のプロヴァンス地方では美しいラベンダー畑やサン・トロペなどを訪れることができます。
   - スペイン:バルセロナではサグラダ・ファミリアやパルク・ゲウェル、ランブラス通りなどがあります。アンダルシア地方ではセビリアのアルカサルやコルドバのメスキータがおすすめです。
...
```

4.4.7 情報検索

9章で後述しますが、ChatGPTはその回答内容の事実性において頻繁な誤りが生じてきます。そのため、正確な情報把握を行うためには、検索エンジンなどの外部APIと連携して利用する必要があり、実際そういったモデルも現れつつあります。しかし、断片的な情報や概要を調べる際や、データとして持っている文章から情報を抽出するために活用することはできます。

まず、ChatGPTに直接クエリを渡して、その回答を求める場合です。回答のランダム性を調整するtemperatureや、文字数無制限の回答を生成するためのstopなどのパラメータを指定します。

```
def retrieve_information(query, model="gpt-3.5-turbo", max_
tokens=50):
    response = openai.chat.completions.create(
        model=model,
        messages= [
        {"role": "system", "content": "検索システムとして回答してください。"},
        {"role": "user", "content": query}
        ],
        max_tokens=max_tokens,
        stop=None,  # モデルが長さの制約なしで応答を生成する
```

```
        temperature=0.7,  # 応答のランダム性を調整
    )

    return response.choices[0].message.content

# クエリ
query = "What is the capital of France?"

# 情報抽出
response = retrieve_information(query)

# 出力
print(response)
```

4.4.8 チャットボット

チャットボットは自然言語処理の代表的なアプリケーションの一つであり、人工知能研究の初期から様々なアプローチが試されてきました。ChatGPT自体も一つのチャットボットとして考えることができますし、また、ChatGPTを応用してカスタマイズされたチャットボットを構築することもできます。

ChatGPTのAPIを使用してチャットボットを構築すれば、ユーザとの対話インターフェースを提供できます。以下は基本的なチャットボットの構築例です。

```
def chat_with_bot(prompt):
    response = openai.chat.completions.create(
        model="gpt-3.5-turbo",
        messages=[
            {"role": "system", "content": "あなたはチャットボットです。"},
            {"role": "user", "content": prompt}
        ]
    )
    return response.choices[0].message.content

user_input = input("ユーザ:<ユーザの入力>")
while user_input.lower() != "exit":
```

```
    bot_response = chat_with_bot(user_input)
    print("ボット:", bot_response)
    user_input = input("ユーザ:<ユーザの入力>")
```

さらに、ChatGPT APIを活用して、インタラクティブなアプリケーションを構築することもできます。以下は仮想アシスタントを活用したインタラクティブなアプリケーションの例です。

```
def get_bot_response(prompt):
    response = openai.chat.completions.create(
        model="gpt-3.5-turbo",
        messages=[
            {"role": "system", "content": "あなたはアシスタントです。"},
            {"role": "user", "content": prompt}
        ]
    )
    return response.choices[0].message.content

print("アシスタント: こんにちは！質問があればどうぞ。")
while True:
    user_input = input("ユーザ:<ユーザの入力>")
    bot_response = get_bot_response(user_input)
    print("アシスタント:", bot_response)
```

4.4.9 データ拡張

データ拡張（data augmentation）は、機械学習において学習データの量を増やしてモデルの安定性を向上するための手法です。例えば画像認識の場合は、画像の一部を切り取ったり回転させたりして、画像1枚からデータ量を増やしつつ、画像の変換に対するモデルの頑健性も向上させることができます。

言語の場合はその文法的構造や意味を保つ必要があるため、画像のようにルールベースでデータ拡張を自動化するのが困難です。しかし、下記のようにChatGPTにデータ拡張アシスタントの役割を与えれば、データ拡張を簡単に行うことができます。また、量的な意味での拡張にとどまらず、話者の変更や話し方の変換なども可能です。

```
def augment_data(sentence):
    prompt = f"次の文をデータ拡張してください :\n{sentence}\n\n変換文:"

    response = openai.chat.completions.create(
        model="gpt-3.5-turbo",
        messages=[{"role": "system", "content": "You are a data
        augmentation assistant."},
                  {"role": "user", "content": prompt}],
        max_tokens=50
    )

    augmented_sentence = response.choices[0].message.content
    return augmented_sentence

# Sample sentences for data augmentation
sentences = [
    "私は毎朝ジョギングをしています。",
    "今日はとても暑いですね。",
    "その映画は感動的なストーリーがあります。",
    "おいしい料理を食べるのが好きです。",
    "日本の桜は春に美しい花を咲かせます。"
]

# 1文ずつデータ拡張
augmented_data = {}
```

```
for sentence in sentences:
    augmented_sentence = augment_data(sentence)
    augmented_data[sentence] = augmented_sentence

# 拡張データを出力
print("入力文\t変換文")
print("----------------------------------------")
for original, augmented in augmented_data.items():
    print(f"{original}\t{augmented}")
```

上記の例を用いて得られた結果は、以下のようになります。

（入力文）→（変換文）

- 私は毎朝ジョギングをしています。
  → 私は毎朝早起きしてジョギングをしています。
- 今日はとても暑いですね。
  → 今日は本当に暑いですね。
- その映画は感動的なストーリーがあります。
  → その映画は感動的なストーリーがあり、一度見ると忘れられないです。
- おいしい料理を食べるのが好きです。
  → 私はおいしい料理を食べるのが大好きです。
- 日本の桜は春に美しい花を咲かせます。
  → 春に美しい花を咲かせる日本の桜は、風に揺れながら穏やかな気持ちを運んできます。

システムへの指示を調整することで様々なスタイルやトーン、話者、目的に合わせたデータの拡張も簡単に行えます。

本章ではChatGPT APIの最も基本的な操作方法について説明しましたが、ChatGPT APIが直接提供する機能以外にも、外部のAPIを用いることで、画像の生成や検索エンジンの利用など、ChatGPTの使い道を広げることができます。外部APIを用いてChatGPTの機能を広げる試みについては、9章でChatGPTの限界の議論と共に詳しく説明します。

第5章

APIを用いたファインチューニング

4章ではChatGPTのAPIについて、基本的な仕組みと使い方を説明しました。本章ではもう少し具体的なタスクを想定して、ChatGPTを小さいデータセットでファインチューニングしてみます。4章に続いてcolab環境上で実行することを前提としますが、コマンドラインから直接APIを呼び出して実行する場合と、Pythonのスクリプトから実行する場合とに分けて説明します。

5.1 ファインチューニングの準備

2023年8月にChatGPTのベースであるGPT-3.5のファインチューニングが公開されました。デフォルトモデルであるgpt-3.5-turboは4,096個のトークンまでサポートしています。最大トークン数を1万6000個まで増やしたgpt-3.5-turbo-0125も公開され、ファインチューニングは本書の執筆時点ではまだサポートされていませんが、じきに公開されるとのことです。基本的な使い方に大きな変化はないように思われます。

ファインチューニングを行うためには、あらかじめOpenAIの自分のAPIアカウントに、前払いをしておく必要があります。最低5ドルから最大500ドルまでのチャージが可能です。チャージした金額の範囲内で、ファインチューニングを行いたいモデルのサイズや、ファインチューニングに用いる学習データの量に比例して課金されます(表5.1)。ただ、本章で行うファインチューニングは費用負担を最小限に抑えており、約1ドルで利用できます。もちろん、ファインチューニングのためのデータ量を増やすとさらなる課金が発生しますが、その分モデルの性能は上がるようになるので、ニーズと予算に合わせて利用しましょう。

表5.1 モデル別のファインチューニングの費用（金額は本書の執筆時点における1000トークンごとの金額）

モデル	学　習	利用（入力）	利用（出力）
babbage-002	$0.0004	$0.0016	$0.0016
davinci-002	$0.0060	$0.0120	$0.0120
gpt-3.5-turbo	$0.0080	$0.0030	$0.0060

5.1.1 データセットをjsonlにフォーマット変換

ChatGPTのAPIでファインチューニングを行うには、ファインチューニング用のデータを次のようなフォーマットに合わせる必要があります。<プロンプト>欄にはプロンプトが入り、<正解>欄にはプロンプトに対する正解、ないしは自然な回答が入ります。ファインチューニングに用いるデータはjsonlというフォーマットになります。

```
  "messages": [
    { "role": "system", "content": "<システムレベルでの会話に対する指示
    (例:"先生の立場から回答してください。")>(任意)" },
    { "role": "user", "content": "<プロンプト>" },
    { "role": "assistant", "content": "<正解テキスト>" }
  ]
}
```

まず、ライブラリをインストールします。

```
!pip install openai
!pip install jsonlines
```

本章では日本語の質疑応答データセット、JaQuAD[61]を用いてファインチューイングを行ってみることにします。データセットは一般公開されています。

```
!git clone https://github.com/SkelterLabsInc/JaQuAD.git
%cd JaQuAD
```

当該データセットを上記のファインチューニング用のjsonlフォーマットに合わせるために、次のようなpythonスクリプトを作成し実行します。今回はデータ量を抑えるために、学習データの一部のみを使うことにします。また、下記の例ではシステムに該当する役割のところは省いて、ユーザとアシスタントのみを対象としていますが、「質疑応答を行ってください」のような簡単なシステムへのメッセージを上記のフォーマットに合わせて用いることもできます。

```
import os
import json
import jsonlines

ft_data = []

with open("data/train/jaquad_train_0000.json") as f:
    data = json.load(f)
    for i in range(len(data["data"])):
        for j in range(len(data["data"][i]["paragraphs"])):
            for k in range(len(data["data"][i]["paragraphs"][j]
            ["qas"])):
                msgs = {}
                msgs["messages"]=[]
                q_entry = {}
                q_entry["role"]="user"
```

```
                q_entry["content"] = data["data"][i]["paragraphs"]
                [j]["qas"][k]["question"]
                #複数の回答がある場合もありますが、一つだけをとることにします
                a_entry = {}
                a_entry["role"]="assistant"
                a_entry["content"] = data["data"][i]["paragraphs"]
                [j]["qas"][k]["answers"][0]["text"]
                msgs["messages"].append(q_entry)
                msgs["messages"].append(a_entry)
                ft_data.append(msgs)

with jsonlines.open("ftdata_chatgpt.jsonl","w") as writer:
    writer.write_all(ft_data)
```

上記のスクリプトを実行すると、JaQuADの学習データにある日本語の質疑応答が、以下のようにファインチューニング用のフォーマットに合わせた形式になります。

```
{"messages": [{"role": "user", "content": "手塚治虫の出身地はどこになります
か?"}, {"role": "assistant", "content": "兵庫県宝塚市"}]}
{"messages": [{"role": "user", "content": "手塚治虫の漫画家としてのデビュー
作は何かな?"}, {"role": "assistant", "content": "『マアチャンの日記帳』"}]}・・・
```

5.1.2 モデルを選びデータをアップロード

続いて、作成したファインチューニング用データをOpenAIのサーバへアップロードし、ファインチューニングの準備をします。

ここでモデルの選択を行いますが、本書の執筆時点でファインチューニングが可能なベースモデルはbabbage-002、davinci-002、gpt-3.5-turboの三つがあります。それぞれのモデルはサイズと性能が異なりますが、ここではChatGPTのベースとなるgpt-3.5-turboを用いて進めることにします。

babbage-002またはdavinci-002であれば、従来のAPIを用いてファインチューニングできますが、gpt-3.5-turboの場合は、本章で説明している新しいAPIのみで利用可能なのでご注意ください。また、ファインチューニングの流れに関しては、コマンドラインから行う方法と、Pythonのスクリプトで行う方法がありますので、両方見ていくことにします。

まずpip install openaiを実行してください（本書では執筆時点で最新版の1.12.1を用いて確認していますので、バージョンを合わせる場合はpip install openai==0.12.1を実行してください）。また、前払いを行っていない場合や、上限額に達している場合はエラーが出るので要注意です。

コマンドラインからファインチューニングを行う場合は、以下のようにcurlを用いてアップロードできました。

```
!curl https://api.openai.com/v1/files \
  -H "Authorization: Bearer <OpenAIのAPIキー>" \
  -F "purpose=fine-tune" \
  -F "file=@<ファインチューニング用のファイル名>"
```

すると、下記のような確認メッセージが出力されます。

```
{
  "object": "file",
  "id": "<ファイルID>",
  "purpose": "fine-tune",
  "filename": "ftdata_chatgpt.jsonl",
  "bytes": 194630,
  "created_at": <タイムスタンプ>,
  "status": "uploaded",
  "status_details": null
}
```

Pythonスクリプトから進める場合は、以下のようなスクリプトで実行できます。

```
import openai
openai.api_key = "<OpenAIのAPIキー>"

response = openai.files.create(
  file=open("ftdata_chatgpt.jsonl", "rb"),
  purpose='fine-tune'
)
file_id = response.id
print(file_id)
```

データセットのアップロードが無事に完了してファイルIDが表示されたら、ファインチューニングに進めます。しかし、アップロードしたファイルのサイズによっては、アップロードが完了してからもそのファイルの処理に時間がかかる場合があります。ここで用いているデータセットの場合は数分程度で完了しました。

5.2 ファインチューニングの実行

それでは、ファイルIDとモデルを指定して、ファインチューニングを始めます。まずコマンドラインの場合です。

```
!curl https://api.openai.com/v1/fine_tuning/jobs \
-H "Content-Type: application/json" \
-H "Authorization: Bearer <OpenAIのAPIキー>" \
-d '{
  "training_file": "<ファイルID>",
  "model": "gpt-3.5-turbo-0613"
}'
```

無事にファインチューニングが開始されると、下記のようなメッセージが出力されます。

```
{"object":"fine_tuning.job","id":"<ファインチューニング作業のID>","model":
"gpt-3.5-turbo-0613","created_at":<タイムスタンプ>,"finished_at":null,
"fine_tuned_model":null,"organization_id":"<組織のID>","result_files"
:[],"status":"created","validation_file":null,"training_file":
"<ファイルID>","hyperparameters":{"n_epochs":3},"trained_tokens":null}
```

Pythonスクリプトからの場合は以下のようになります。

```
response_job = openai.fine_tuning.jobs.create(training_file="<ファイル↩
ID>", model="gpt-3.5-turbo")
job_id = response_job.id
print(job_id)
```

ファインチューニングが始まると、下記のようなスクリプトを実行して作業の現状を確認できます。

```
joblist = openai.fine_tuning.jobs.list(limit=10)
print(joblist)

#作業IDから直接確認する場合は下記のように確認できます。
openai.fine_tuning.jobs.retrieve("<ファインチューニング作業のID>")
```

すると、以下のようなメッセージが表示されますが、下記の場合はstatusがrunningとなっているので、まだファインチューニング作業中であることが分かります。ファインチューニングが完了すると、statusがsucceededとなります。

```
{
  "object": "list",
  "data": [
    {
      "object": "fine_tuning.job",
      "id": "<ファインチューニング作業のID>",
      "model": "gpt-3.5-turbo-0613",
      "created_at": <タイムスタンプ>,
      "finished_at": null,
      "fine_tuned_model": null,
      "organization_id": "<組織ID>",
      "result_files": [],
      "status": "running",
      "validation_file": null,
      "training_file": "<ファイルID>",
      "hyperparameters": {
        "n_epochs": 3
      },
      "trained_tokens": null
    }
  ],
  "has_more": false
}
```

5.3 推論の実行

ファインチューニングが完了すると、OpenAIに登録したメールアドレスに図5.1のようなメールが届きます。

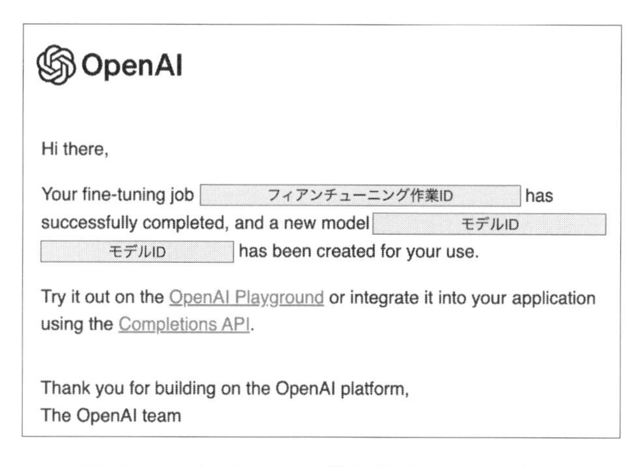
OpenAI

Hi there,

Your fine-tuning job フィアンチューニング作業ID has successfully completed, and a new model モデルID モデルID has been created for your use.

Try it out on the OpenAI Playground or integrate it into your application using the Completions API.

Thank you for building on the OpenAI platform,
The OpenAI team

図5.1　ファインチューニングが完了するとメールが届く

メールに書いてあるように、モデルの用意ができたので実行して推論を行うことができますが、APIを用いる方法と、OpenAIが提供するPlaygroundを用いる方法があります。Playgroundを用いる場合は図5.2のように、Webブラウザ上でモデルを選択し、直接プロンプトを入力できます。

SYSTEM
日本語の質疑応答アシスタントとして回答してください。

USER　手塚治虫が生まれたのは何年？

ASSISTANT　1928年

Add message

Submit　Give us feedback

Mode: Chat
Model: ft:gpt-3.5-turbo-061...
Temperature 1
Maximum length 256
Stop sequences
Enter sequence and press Tab
Top P 1
Frequency penalty 0
Presence penalty 0

図5.2　Playgroundを用いたファインチューニングモデルの利用

APIを用いると、以下のように使うことができます。

```
!curl https://api.openai.com/v1/chat/completions \
-H "Content-Type: application/json" \
-H "Authorization: Bearer <OpenAIのAPIキー>" \
-d '{
  "model": "<モデルID>",
  "messages": [
    {
      "role": "user",
      "content": "手塚治虫の出身地は?"
    }
  ]
}'

{
  "id": "<回答のID>",
  "object": "chat.completion",
  "created": <タイムスタンプ>,
  "model": "<モデルID>",
  "choices": [
    {
      "index": 0,
      "message": {
        "role": "assistant",
        "content": "兵庫県尼崎市"
      },
      "finish_reason": "stop"
    }
  ],
  "usage": {
    "prompt_tokens": 19,
    "completion_tokens": 11,
    "total_tokens": 30
  }
}
```

Pythonスクリプトから実行する場合は、下記のようになります。

```
completion = openai.chat.completions.create(
  model="<モデルのID>",
  messages=[
    {"role": "user", "content": "手塚治虫の出身地は?"}
  ]
)

print(completion.choices[0].message.content)
```

本章で実行したファインチューニングの例は、あくまでその過程を見せることが目的なので、非常に小さいデータセットを用いることで学習時間を短くしており、性能の改善は限られています。実際、上記の質問の正解も「兵庫県宝塚市」なので、回答が正確ではないことが分かります。しかし、モデルの性能は一般的に学習データの量に比例するので、学習データを増やすだけでも顕著な性能の改善ができます。

コマンドラインの場合もスクリプトの場合も、任意で次のようなメッセージをシステムへ追加することもできます。

```
    {"role": "system", "content": "有用なアシスタントとして回答してください。"}
```

最後に、モデルを削除したい場合は以下のようにします。

```
client.models.delete("<モデルID>")
```

そして、次のように削除完了を確認できます。

```
{
  "id": "<モデルID>",
  "object": "model",
  "deleted": true
}
```

第6章

HuggingFaceを用いたファインチューニング

前章ではOpenAIのAPIを用いてGPTモデルのファインチューニングを行いましたが、本章ではAPIを介さずに学習コードを直接書いてChatGPTのような言語モデルを学習してみます。

6.1 Pythonスクリプトによる学習の準備

●日本語コーパスを用いた学習

言語モデルをゼロから学習するには、かなりのデータ量と時間を要するので、今回は事前学習モデルの上で学習することにします。ChatGPTとは比較できないほど小さい規模のモデルで学習しますが、言語モデルの中身と学習過程をより深く理解できると思います。

英語のコーパスを用いて言語モデルを学習させるケースについては、Web上でも簡単に情報を入手できますが、本章では日本語のコーパスを用いることにします。モデルの原理自体は英語と同様ですが、日本語では英語のようにスペースでトークンを簡単に分けることができません。そのため別のトークナイザを使うなど、英語とは異なるハードルが生じますが、日本語で言語モデルを応用したい読者の方々にはよい参考になると思います。

●ライブラリやデータの用意

まず、必要な外部ライブラリをインストールします。深層学習フレームワークには、最も広く使われているPyTorch[45]を採用します。また、トランスフォーマーのモデル定義や自然言語処理関連のツールセットとして、HuggingFace社のtransformersライブラリを用います。データセットもHuggingFace社が公開しているものを使うので、datasetsライブラリをインストールします。

さらに、日本語のトークナイザを用いるためにsentencepiece[32]をインストールします。また、colab以外の環境で実行する場合は、protobufを直接インストールする必要があるので、sudo apt install protobufなど環境に合わせた方法でインストールを進めてください(colabを使う場合はあらかじめインストールされているので不要です)。

```
!pip install transformers datasets sentencepiece
```

様々な日本語コーパスが公開されており、基本的にはどの日本語コーパスを用いても進め方が大きく変わることはありませんが、今回は東京大学で開発され、HuggingFace社のライブラリで公開しているBSD(Business Scene Dialogue)[53]データセットを用いて学習を行います。本データセットは様々なビジネス状況の英会話と、それに該当する日本語で構成されています。データセットには全部で約2万4000文が含まれ、そのうちの2万文が学習用として割り当てられています。下記のようなPythonスクリプトでデータセットの中身を覗いてみます。

```
from datasets import load_dataset
dataset = load_dataset("bsd_ja_en")
print(dataset["train"][0])
```

すると、以下のように様々な関連情報と英語と日本語それぞれの話者やテキストデータが入っていることが分かります。

```
{id': '190329_J07_03', 'tag': 'phone call', 'title': '伝言への折り返し電話\u3000打ち合わせ日程調整', 'original_language': 'ja', 'no': 1, 'en_speaker': 'Doi-san', 'ja_speaker': '土井さん', 'en_sentence': 'Hi this is the systems development department of Company K.', 'ja_sentence': 'はい、K社システム開発部です。'}
```

本章では日本語の言語モデル学習にのみ興味があり、翻訳タスクは考えてないので、ja_sentenceの該当するところだけを対象とします。また、今後テキストに簡単にアクセスできるようにするために、下記のコードを実行してja_sentenceのみを別のテキストに書き出します。これはあくまでコードの書きやすさのためですので、jsonなどの元のファイル形式のままで進めても構いません。

```
from datasets import load_dataset
import os

def extract_ja_sentence(dataset_path, output_file):
    # bsd_ja_en データセットを読み込む
    dataset = load_dataset(dataset_path)
    # データセットから"ja_sentence" フィルドに該当するところを抽出
    ja_sentences = dataset["train"]["ja_sentence"]
    # "ja_sentence" フィルドをテキストファイルに保存
    with open(output_file, "w", encoding='utf-8') as file:
        for sentence in ja_sentences:
            file.write(sentence + '\n')

dataset_path = "bsd_ja_en"  # データセットへのパス。ライブラリで用いられるのと
同じ名前にする必要があります。
corpus_dir = "data" # 日本語コーパスを保存するディレクトリ
```

```
if not os.path.exists(corpus_dir):
    os.makedirs(corpus_dir)
output_file = corpus_dir + "/ja_sentences.txt"  # ”ja_sentence”
フィールドを保存するテキストファイル名
extract_ja_sentence(dataset_path, output_file)
```

タスクによっては、例えば質疑応答の質問と、それに該当する応答のように、異なる性質のテキストを別々にまとめなければいけない場合もあるので、タスクの設定に照らしてデータを用意する必要があります。

6.2 モデルの学習

●ライブラリの読み込み

モデルの学習は、必要なライブラリを読み込むところから始めます。深層学習ライブラリのPyTorch（torch）と、学習ループにデータを渡すためのデータローダ（DataLoader）やデータセット（DataSet）モジュールを読み込みます。さらに、HuggingFaceのtransformersライブラリから、今回必要なトークナイザクラスとモデルクラスを読み込みます。

```
import torch
from torch.utils.data import Dataset, DataLoader
from transformers import AutoTokenizer, GPT2LMHeadModel
```

●コーパスの指定とハイパーパラメータの設定

model_name変数では"rinna/japanese-gpt2-medium"というモデル名を指定していますが、これはGPT-2の日本語版の一つです。このモデルはJapanese CC-100[11]とJapanese Wikipediaというデータセットであり、8台のGPUを用いて30日間学習されたモデルです。

バッチサイズやシーケンスの長さ、エポック数などのハイパーパラメータ（hyperparameter）の設定は、どの環境でも簡単に早く回せるようにするために小さい値に設定されていますが、計算環境や時間に合わせて増やすことができます。例えば、colabの無料版ではGPUとして16GBメモリのT4を用いているのでバッチサイズが1を超えるとメモリエラーになってしまいますが、有料版のcolab pro＋などを利用している方はA100で実行できるので、バッチサイズを8まで上げて設定しても学習が可能です。なお、T4の場合は学習に数時間程度かかります。

```
# 日本語コーパスのパスと他のハイパーパラメータを定義
model_name = "rinna/japanese-gpt2-medium"
batch_size = 1
max_length = 256
num_epochs = 3

device = "cuda:0" if torch.cuda.is_available() else "cpu"
```

●コーパスのクラス定義

続いて、上で読み込んだPyTorchのDatasetモジュールを用いて、先ほど作成したコーパスのためのクラスを定義します。このクラスでは初期化時に、引数で渡したトークナイザが設定され、コーパスが入っているディレクトリからファイルを読んで、行ごとにテキストをデータリストに追加します。データセットクラスからIDによってデータを取得するためのメソッド（__getitem__）も定義しておきます。

```
# 日本語コーパスを読み込むためのデータセット用のクラス
class JapaneseCorpusDataset(Dataset):
    def __init__(self, corpus_dir, tokenizer):
        self.tokenizer = tokenizer
        self.texts = []

        # コーパスを読み込んで前処理
        for filename in os.listdir(corpus_dir):
            with open(os.path.join(corpus_dir, filename), "r",
            encoding="utf-8") as file:
                text = file.read().splitlines()
                self.texts.extend(text)

    def __len__(self):
        return len(self.texts)

    def __getitem__(self, idx):
        return self.tokenizer(self.texts[idx], return_tensors="pt",
        truncation=True, padding="max_length", max_length=max_length)
```

●トークナイザとモデルの指定

次に、トークナイザとモデルクラスに、上記で定義したmodel_nameを指定します。まず、英語のコーパスでスペースごとに単語を分けて別々のトークンとして扱うのと同様に、用意した日本語コーパスをトークン化してくれるトークナイザを指定します。

AutoTokenizerはHuggingFaceライブラリで様々なトークナイザを統括するクラスであり、下記のコードに現れるfrom_pretrainedメソッドを通じて、与えられたモデルタイプに対応するトークナイザを立ち上げます。本章ではGPT-2のモデルタイプを用いていますが、T5[50]や

1）もし、HuggingFaceで提供される日本語のトークナイザが利用できない場合には、日本語テキストを形態素論(morphology)的に分析してくれるmecab-python3などのライブラリを用いてトークン化することもできます。

RoBERTa[36]などの様々なモデルに対応できます[1)]。モデルクラスに対しても同様に、GPT2用のモデルクラスに、今回用いる日本語GPT2モデルをmodel変数で指定します。実際の学習はこのmodelを通じて行われます。

●データの用意と学習設定

続いて、上記で定義したデータセットのクラスのインスタンス変数を定義し、PyTorchのDataLoaderに渡すことによって、学習中にデータのバッチを提供できるようにします。オプティマイザには、GPT系列のモデルの学習でよく用いられるAdamW[37]を設定し、損失関数も通常のクロスエントロピーを設定します。

```
# トークナイザとモデルを読み込む
tokenizer = AutoTokenizer.from_pretrained(model_name)
model = GPT2LMHeadModel.from_pretrained(model_name)

# 日本語コーパスを読み込んで前処理
dataset = JapaneseCorpusDataset(corpus_dir, tokenizer)

# PyTorchのDataLoaderを用いてバッチに入るデータを読み込む
dataloader = DataLoader(dataset, batch_size=batch_size,⏎
shuffle=True)

# オプティマイザと損失関数を定義
optimizer = torch.optim.AdamW(model.parameters(), lr=5e-5)
loss_fn = torch.nn.CrossEntropyLoss()
```

●学習ループの実行

上記で定義したエポック数に応じて、学習ループを回します。次のトークンを予測する通常の学習タスクとなっており、上記したGPT2LMHeadModelのfrom_pretrainedを通じて定義したmodelは、Pytorchのnn.Moduleクラスを継承しているので、通常のPytorchの学習ステップで学習ループを回すことができます。学習時に用いられる入力シーケンスと正解データは、バッチごとにデーターローダが渡してくれます。

input_idsは、テキストを上記のトークナイザによってトークン化したあと、それぞれのトークンをIDに変換したものです。このIDは学習中にラベルとしても用いられます。input_idsが指定したシーケンス長よりも短い場合にパディングを行います。

attention_maskはパディング用のトークンにアテンションがかかることを防ぐためのマスクで

す。テキストに対応する位置のattention_maskは1に、パディングに対応する位置は0になっています。

この例では、input_ids,attention_maskと正解ラベルのみを引数として用いていますが、タスクによっては他の引数を活用する必要があります。例えば、質疑応答タスクの場合は、token_type_ids引数を用いて質問に該当するトークンは0、回答に該当するトークンは1にすることができます。

input_ids,attention_maskと正解ラベルが決まると、そのバッチをモデルに渡し、モデルの予測結果から損失を計算します。また、現在のバッチからの損失の逆伝播に基づき、オプティマイザを用いてモデルの更新を行います。num_epochs分のループが終わったら、モデルを指定のディレクトリに保存します。

```
# 学習ループ
for epoch in range(num_epochs):
    print(f"Epoch {epoch + 1}/{num_epochs}")
    model.train()
    total_loss = 0

    for batch in dataloader:
        input_ids = batch["input_ids"]
        attention_mask = batch["attention_mask"]
        labels = input_ids.clone()

        outputs = model(input_ids, attention_mask=attention_mask, ⏎
        labels=labels)
        loss = outputs.loss
        total_loss += loss.item()

        optimizer.zero_grad()
        loss.backward()
        optimizer.step()

    print(f"Loss: {total_loss / len(dataloader)}")

# 学習済みモデルを保存
output_dir = "<学習済みモデルを保存するディレクトリ名>"
model.save_pretrained(output_dir)
tokenizer.save_pretrained(output_dir)

print("学習が完了し、モデルを保存しました。")
```

6.3 推論

それでは、学習したモデルを用いて、文章を生成してみましょう。学習部と同様に、PyTorchとtransformersのトークナイザやモデルのクラスを読み込み、テキストを生成する関数を定義します。プロンプトとモデルを入力として受け、生成テキストを出力する関数です。加えて、生成するシーケンスの最大長と温度も引数で受け取れるようにしています。

generate_text関数では、6.2節と同様にAutoTokenizerとGPT2LMHeadModelのfrom_pretrainedメソッドを用いて、学習したモデルに対応するトークナイザとモデルのインスタンスを作ります。また、トークナイザのencodeメソッドを用いて、入力プロンプトをトークンIDに変換します。

テキストの生成にはmodelのgenerateメソッドを用いますが、テキストのサンプリングを制御する引数が指定されています。Top-kサンプリングでは、トークンの確率分布の中で最も高い確率を持つk個の単語の中から次の単語が選ばれます。すなわち、k+1番目に確率が高い単語が選ばれることはなくなります。ここではk=50と設定します。

Top-pサンプリングは、単語を高い確率の順番に並べた際に、その確率の和がp*100%以下になる単語の集合の中から次の単語が選ばれることを示します。すなわち、p=1の場合は、全ての単語が対象となります。

温度（temperature）は、次の単語の確率分布をどの程度で変調させるかを示し、温度が高くなると多様な生成結果が得られます。一方、温度が高すぎて確率分布が変化しすぎてしまうと、生成文章の内容の整合性が失われる懸念もあるため、適切な値を設定する必要があります。ここでは0.7に設定しておきます。

最後に、生成されたテキストはまだトークンIDの状態なので、それをトークナイザのdecodeメソッドを用いてテキストにデコードし、出力します。

```
import torch
from transformers import AutoTokenizer, GPT2LMHeadModel

def generate_text(
    prompt,
    model_name,
    max_length=100,
    temperature=0.7,
    ):
    # 事前学習モデルとトークナイザを読み取り
    tokenizer = AutoTokenizer.from_pretrained(model_name)
```

```
    model = GPT2LMHeadModel.from_pretrained(model_name)

    # 入力プロンプトをエンコード
    input_ids = tokenizer.encode(prompt, return_tensors="pt")

    # モデルを用いてテキスト生成
    with torch.no_grad():
        output = model.generate(
            input_ids,
            max_length=max_length,
            num_return_sequences=1,
            pad_token_id=tokenizer.eos_token_id,
            do_sample=True,
            top_k=50,
            top_p=0.95,
            temperature=temperature,
        )

    # 生成されたテキストをデコード
    generated_text = tokenizer.decode(output[0], skip_special_
    tokens=True)

    return generated_text

model_name = "<モデルのパス>"
prompt = "こんにちは、世界！"

generated_text = generate_text(prompt, model_name)
print("生成テキスト:")
print(generated_text)
```

モデルへのパスと入力プロンプトを設定し、上記で定義したgenerate_text関数に渡します。「こんにちは、世界！」というプロンプトに続くような文章を生成してみた結果です。

- こんにちは、世界！ニッポン応援団です。 あなたは、今年2016年のリオデジャネイロオリンピックの開会式に、どのような気持ちで臨みますか？オリンピックは、日本人選手だけでなく、世界の強豪選手も出場する大きな大会です。「オリンピックでメダルを獲る！」という気持ちで、今年2016年のリオの開会式に臨む選手もいることでしょう。でも、やはり今年2016年のリオの開会式は、日本の実力者ばかりが出場する大会ではありません。

文章の生成は乱数から行われるため、実行する都度、異なる結果が得られます。もういちど「こんにちは、世界！」から文章を生成してみると、次のような結果が得られました。

- こんにちは、世界！ニッポン！という番組のリポーターです。今回は「日本のお酒と料理」をご紹介します。こんにちは、世界！ニッポン！という番組のリポーターです。今回は「日本酒と料理」をご紹介します。こんにちは、世界！ニッポン！という番組のリポーターです。今回は「日本酒と料理」をご紹介します

6.4 RLHFの再現

2章でも説明したように、RLHFにはたくさんの人からの評価が必要になります。本来であれば、RLHFを通じてフィードバックを集めるだけでも大規模な作業になります。しかしここでは、人から回答の修正に該当するフィードバックをもらって、それを学習に反映するRLHFの縮小版の仕組みに注目し、疑似コードで簡単に説明します。基本的には6.2節と同じコードを用いて、RLHFの反映のために下記のように少しだけ変更を加えます。

```
# 人からのフィードバックを集めるためのRLHF関数
def get_human_responses(prompts):
    #以下は、実際の人間によって生成された応答を各プロンプトに対して取得する簡略化された
    バージョンです。
    #実際は、複数の人間の応答を収集して、それらを報酬信号として使用する場合もあります。
    #ここではプロンプトごとに単一の応答を想定しています。
    #下記のコードはreturn ["<プロンプト1に対するフィードバック>", "<プロンプト2に
    対するフィードバック>", ...]に該当すると想定します。
    return ["The human-generated response to prompt."] *
    len(prompts)
```

続いて、上記に説明した学習ループの中でRLHFを導入します。モデルが生成した文章に対する人からのフィードバックをトークン化し、損失関数の計算に反映します。6.2節では直接ラベルを用いて損失関数を計算しましたが、ここではまず、モデルからバッチの入力に対する回答文章を生成し、また、それに対する人からのフィードバックを獲得して、それをラベルとして計算していることに注目してください。

```
# 学習ループ
for epoch in range(num_epochs):
    print(f"Epoch {epoch + 1}/{num_epochs}")
    model.train()
    total_loss = 0

    for batch in dataloader:
        input_ids = batch["input_ids"]
```

```
        attention_mask = batch["attention_mask"]
        labels = input_ids.clone()

        # 回答生成
        with torch.no_grad():
            model_output = model.generate(input_ids, max_length=
            max_length, num_return_sequences=1, pad_token_id=
            tokenizer.eos_token_id)

        # モデルからの回答と人からのフィードバックをトークンIDに変換
        model_responses = tokenizer.batch_decode(model_output,
        skip_special_tokens=True)
        human_responses = get_human_responses(model_responses)
        model_response_ids = tokenizer(human_responses, return_
        tensors="pt", padding="max_length", max_length=max_length).
        input_ids

        # ロス計算
        model_outputs = model(input_ids, attention_mask=attention_
        mask, labels=model_response_ids)
        loss = model_outputs.loss
        total_loss += loss.item()

        optimizer.zero_grad()
        loss.backward()
        optimizer.step()

    print(f"Loss: {total_loss / len(dataloader)}")

print("学習が完了し、モデルを保存しました。")
```

本章の最後に一つの秘密を明かしますと、本章で例として挙げているコードは、コメントやパスなどのごく一部の細かい部分を除くと、全てChatGPTによって得られたコードです。このように実際に目的どおりに作動するコードを獲得するためには、プロンプトの段階でかなりの具体的な設定や詳細を与える必要があり、また1ターンの会話ではなく、複数回のやりとりが必要になる場合もあります。

このようにプロンプトの制御を通じて、目的を達成する回答を獲得する技術を「プロンプトエンジニアリング（prompt engineering）」と呼び、その重要性と注目度は猛烈に高まっています。次の章ではまさにこのプロンプトエンジニアリングについて解説します。

第7章

プロンプトエンジニアリング

本章では、ユーザが意図する回答をChatGPTから導くために、プロンプトを制御する技術であるプロンプトエンジニアリングについて、背景と様々なテクニックを紹介します。

7.1 プロンプトエンジニアリングの概要

プロンプト：プロンプトエンジニアリングについて教えてください。

ChatGPT：

プロンプトエンジニアリングは、OpenAIが導入した自然言語処理のアプローチです。この手法では、AIモデルにタスクを実行するための明示的な指示や「プロンプト」を与えることで、特定の目的を持つインタラクティブな対話やタスクを実現します。

従来のGPTモデルでは、文章の文脈に基づいて予測を生成するため、具体的なタスクや要求に対して特定の回答を生成することが難しい場合がありました。プロンプトエンジニアリングでは、ユーザーがタスクの要件や質問をプロンプトとして与えることで、AIモデルの出力をより制御しやすくします。

例えば、以下のような形式のプロンプトを与えることで、AIに対話を開始するよう指示できます：

User: 翻訳してください。「こんにちは」と英語に翻訳してください。
AI: Hello.

プロンプトエンジニアリングの利点は、特定のタスクに対して最適化された出力を生成できることです。さらに、プロンプトの修正や調整を通じて、モデルの応答を矯正することも可能です。ユーザーは、予測される出力を改善するために、プロンプトの微調整や追加の指示を行うことができます。

ただし、プロンプトエンジニアリングは、適切なプロンプトの作成や調整に対して一定の手間や知識が必要となる場合があります。また、意図しない結果が生じることもありますので、慎重に利用する必要があります。

プロンプトエンジニアリングは、ユーザーが特定の目的を達成するためにAIモデルを使用する際に、より効果的な制御と対話を可能にする手法として広く利用されています。

ChatGPTによる上記の説明からも分かるように、プロンプトエンジニアリングとは、テキスト生成モデルや画像生成モデルに対するプロンプトを設計・制御することで、生成結果がユーザの意図に近づくように導く技術を指します。プロンプトエンジニアを採用する企業が増えるなど、その注目度と重要度は急激に高まりつつあります。

入力の変化に対する結果の変化を見て分析をするという意味では、従来のリバースエンジニアリング（reverse engineering）とも類似しています。しかし、リバースエンジニアリングの主な探索対象が中身の仕組みであるのに対して、プロンプトエンジニアリングでは中身が完全にブラックボックスであっても、生成結果さえ意図に合致すれば問題ないという違いがあります。そのためプロンプトエンジニアリングは、技術的な知識が一切なくても行うことができます。

7.2 プロンプトのパターン

プロンプトエンジニアリングによってChatGPTの生成結果を向上させることは、新しい研究テーマの一つにもなっています。近来の研究[71]ではプロンプトを16種類のタスクに対して分類し、それぞれどのようにプロンプトを作成すべきかを論じています。また、それぞれのプロンプト作成パターンを以下のようにカテゴリ化しています。

- **入力セマンティック（input semantics）**：言語モデルに対して、ユーザが定義する入力フォーマットをどう理解するべきかを明示するパターン
- **出力のカスタマイズ（output customization）**：言語モデルの出力を、ユーザが希望するフォーマットや構造などに合わせるパターン。後述するように、言語モデルに出力のテンプレートを与えるパターンや、言語モデルに役割を与えるなどのパターンがこのカテゴリに属す
- **エラーの追究（error identification）**：言語モデルの出力に含まれているエラーを特定及び解決するためのパターン。ここで言うエラーとは、コードなどのエラーだけでなく、事実の誤りなど広義の誤りを指す
- **プロンプトの改善（prompt improvement）**：プロンプトの改善によって出力のクォリティを上げるパターンであり、言語モデルにより適切なプロンプトを提示するように導くパターンなどを含む
- **インタラクション（interaction）**：ユーザと言語モデルとの間のインタラクションにフォーカスするパターンであり、ユーザが言語モデルと行うゲームプレーなどがここに入る
- **文脈制御（context control）**：言語モデルの出力を生成するために参照する文脈の制御にフォーカスするパターン

7.2.1 入力セマンティック

●メタ言語生成（meta language creation）

上記の説明のように、入力セマンティックではユーザが特定表現を定義し、それを言語モデルに明示します。そしてそれは「メタ言語生成（meta language creation）」とも呼ばれます。

例えば、頂点AとBをつなぐグラフのエッジを示すために「A→B」をユーザが使いたい場合、それをプロンプトに明示的に確認しておくことで、ユーザの意図により近い結果を生成できます。このようにグラフやステートマシーンなど、数学的な構造を言語で表現するために記号で示す際に特に有用です。一回定義しておけば、それ以降のプロンプトでは、定義した表現を用いて入力

することが可能になります。また、プロンプトをより簡潔に書けるというメリットもあります。このパターンの基本的なテンプレートは以下のようになります。

```
When I say X, I mean Y.
（私がXと言うと、それはYを意味します。）
```

ここでYを、言語モデルに行ってほしい特定行動に置換することもできます。

メタ言語生成において最も問題となるのは、指定した表現の曖昧さによる言語モデルの混乱です。例えば、上記のXのところに"a"や"the"のように頻繁に用いられる表現を代入すると、ChatGPTが曖昧さに対する警告を出力します。このような混乱を防ぐために、数学などで従来頻繁に用いられる表現方法があれば、それを用いることが推奨されています。従来手法であれば学習データに含まれている可能性も高いため、言語モデルに混乱を起こす可能性が下がります。

メタ言語生成のもう一つの有益な使い方は、曖昧さを解除する必要がある場合です。例えば、イコールのシンボル「=」は、数式で用いられる場合とコードで用いられる場合とで意味が異なるので、その意味を明確にしておかないと誤った出力が生成される可能性が高くなります。メタ言語生成を通じて記号の意味をはっきりさせることで、そのような混乱を防ぐことができます。

7.2.2 出力のカスタマイズ

●オートメーション（output automater）

プログラムコードの作成など、言語モデルが出力のなかで推薦する行動を直接実行できるものを作成してもらうパターンです。例えば、複数のファイルにまたがるコードを順番で実行するのはユーザに大きな負担がかかるので、その実行シーケンスを自動化するスクリプトを作成してもらうことで、一連のコードの実行を容易に行うことができます。例えば、次のようなプロンプトを用いることができます。

```
When you generate code that spans more than one file, produce a
Python script that will automate these steps.
（複数のファイルによるコードを生成する際は、それを自動化するPythonのスクリプトを作ってください。）
```

同様に、ターミナル上で実行すべきコマンドをまとめたスクリプトを作成してもらうこともできます。

オートメーションのためにプロンプトを用いる際に最も注意すべきことは、できるだけ具体的に条件を提示することです。具体性が欠けたまま自動化を求めると、「オートメーションができない（can't automate things）」のような回答になりかねません。そのため、オペレーティングシステム、プログラミング言語、各ライブラリのバージョンなど、必要な情報を可能な限り与える必要があります。また、言語モデルが生成したコードには誤りが含まれている可能性が高いので、実行の完全な自動化が得られたとしても、生成コードを直接レビューするなど、常に注意する必要があります。

●ペルソナ（persona）

「ペルソナ」とは元来、仮面や人の役割・個性等を指す言葉です。ここでは、言語モデルが特定の人物や組織の観点からの出力を生成して欲しい場合に用いられるパターンを指します。

例えば、ChatGPTに「芝居」をさせることで、適切な台詞を生成してもらうなどといったクリエイティブな使い道があります。また、レビュアーの観点から文章やコードを確認してもらうなど、専門性の高いタスクで用いることもできます。さらに、出力される内容が事前に分かる場合、その出力フォーマットを特定の職業の人が書きそうな形式に変換するために使うことも考えられます。

```
Act as person X.
Provide outputs that persona X would create.
（いまからXとして振る舞い、Xが作りそうな回答を出してください。）
```

ペルソナにおいて、言語モデルが持つ役割は必ずしも人間に限る必要はありません。例えば、Linuxカーネルの役割を持たせて、ユーザからのコマンドにカーネルが返しそうな出力を生成することもできます。

```
Pretend to be a Linux terminal. When I type in a command, output the
corresponding text that the Linux terminal would produce.
（Linuxのターミナルになったと想像してください。私がコマンドを入力すると、それに該当するターミナルからテキストからを出力してください。）
```

システムの役割を持たせる場合に注意すべきことは、あくまで実際のシステムではないので、その出力は「妄想」に基づく場合が多いことです。わかりやすい例として、上記のプロンプトに続いて"ls -l"のコマンドを入力すると、実在しないファイルシステムに基づいた出力が返されます。

●テンプレート(template)

言語モデルの回答は多くの場合、それなりの形式でまとまっています。しかしそれは、ユーザが様々な応用先で必要とする形式とは異なる場合も多く、言語モデルの回答をまとめて必要な形式に移すためには多くの手間がかかってしまいます。そういった時に、言語モデルの回答自体を、ユーザが必要とする特定テンプレートに従うように導くためのパターンを用いる場合があります。

```
Preserve the template that I provide for your output: PATTERN with
PLACEHOLDERS.
(出力に以下のテンプレートを用いてください:[プレースホルダー]を含める[パターン])
```

上記のプレースホルダー(PLACEHOLDERS)は、テンプレート内で具体的な内容に置き換えるための変数のようなものであり、例えば特定名前(NAME)や時間(TIME)などが挙げられます。

言語モデルはほとんどの場合、ユーザが必要とするテンプレートを知りません。そのため、サンプルを提示することで、テンプレートの情報を与える必要があります。このテンプレートがWeb上で参照できるものであれば、URLでリンクを提供することで、言語モデルとテンプレートを共有できます。すなわち、上記のプロンプトのPATTERNに該当するところが、下記の例のようにURLに置き換わることになります。

```
Preserve the template that I provide at https://...
(https://...にあるテンプレートを用いてください。)
```

テンプレートパターンを用いる際は、言語モデルが回答内容をテンプレートに合わせるために、他の重要な情報を省いてしまう可能性があることに注意する必要があります。

●ビジュアル生成(visualization generator)

様々なタスクや応用先では、テキスト以外に表やグラフ、画像などで可視化することで、より効果的に意図を伝えることができます。10章で見るように、テキスト入力から画像を生成できるモデルが近来注目されていますが、ChatGPTを含める言語モデルは入出力がテキストに限られるので、直接画像を生成できません。しかし、DALL・EやStable Diffusionなど、他の画像生成モデルに入力として使うテキストプロンプトを生成することで、画像生成につなげることができます。

```
Generate a prompt that I can use to create visualization of X with
tool Y.
(ツールYを用いてXを可視化するために使えるプロンプトを生成してください。)
```

今後、ChatGPTが画像生成モデルに直接連携されるようになると、このパターンはより効率的で有用になると思われます。

7.2.3 エラー追究

●事実チェックリスト（fact checklist）

言語モデルが回答に反映している事実、ないしは仮定（assumption）を、リストにまとめるようにするパターンです。本書でも指摘しているように、言語モデルは頻繁に事実を誤ってしまうという重大な問題点が残っています。そのため、言語モデルの回答がいくらそれっぽく書かれていたとしても、常に意識的にその正確さを確認する必要があります。言語モデルが思っている「事実」をリストにまとめることで、その回答がどこまで正確であるのかを、より容易に確認できます。

```
Generate a set of facts that are contained in the output.
(出力に含まれている事実をまとめてください。)
```

このパターンは特に、ユーザがプロンプトで扱っている分野の専門家ではない場合に有効です。言語モデルの出力に専門用語があふれていると、どこの事実性を確認すればよいのかさえも把握しづらい場合が多いので、それをリストにまとめるメリットは大きいでしょう。

●振り返り（reflection）

場合によっては、言語モデルがどのようにして回答に至ったのかが不明なときがあります。そのため、回答を構成したロジックや前提などを言語モデルに説明させることで、その不明瞭さを削減できます。

```
Explain the reasoning and assumptions behind your answer.
(回答の背景にあるロジックや前提を説明してください。)
```

また、言語モデルの回答に誤りがある場合は、それをデバッグ（debug）する役割も負っています。その結果、プロンプト自体に何かしら言語モデルを混乱させる要素があったのか、それとも、言語モデル自体に内在している誤りなのかを追究できます。回答の誤りがプロンプトに起因している場合は、下記のように振り返りの目的を言及することで、言語モデルがどのような文脈で回答の背景を説明するべきかが明確になります。

```
... so that I can improve my question.
（私の質問を改善できるように）
```

しかし、他のパターンと同様に、言語モデル自身の回答に関する説明とはいえ、実際そういったロジックや前提があったからそのような回答になってしまったのか、あるいは、そのロジックや前提は正しいのかについては保証がないので、注意する必要があります。

7.2.4 プロンプト改善

●質問改善（question refinement）

これは言語モデルからより良い回答を引き出すための質問文を言語モデルに出力させるパターンであり、言語モデル自体をプロンプトエンジニアリングに参加させるパターンとも言えます。特にユーザ自身が興味対象への背景知識が足りない場合、そもそもどのように質問するべきか、また、どのような情報を与えるべきかが分からないケースはよくあります。そうしたときに、適切な質問を教えてくれるように誘導することは有用です。

```
Within scope X, suggest a better version of the question to use.
（Xの範囲でより適切な質問の言い方をお勧めください。）
```

質問改善では、より具体的な質問へと導くことも可能です。例えば、バグなどの懸念点を回避するための質問や、下記のように外部ライブラリへの依存性を最小化するように質問の改善も要求できます。

```
Suggest a better version of my question that asks how to write the
code that minimizes my dependencies on external libraries.
```

```
(外部ライブラリへの依存性を最少化するコードを書くためのもっと良い質問の聞き方をお勧めください。)
```

質問改善の結果、ユーザが不慣れな用語が質問に含まれてしまい、質問の内容がユーザの意図から離れてしまうことには注意する必要があります。

●代案アプローチ(alternative approach)

ユーザが目的を達成するために言語モデルにアドバイスを求めるアプローチは、必ずしも最適なアプローチとは限りません。むしろ、他の代案がないのかを言語モデルに確認することが、ユーザの視野を広げ、より効率的なアプローチにつなげてくれる可能性があります。

```
Within scope X, list the best alternative approaches.
(Xの範囲で最も良い代案をまとめてください。)
```

代案アプローチを列挙されただけでは、どれを選択すべきか分かりづらい場合があります。次のようにそれぞれの長所と短所を比較してもらうことで、より適切な選択につなげることができます。

```
Compare/Contrast the pros and cons of each approach.
(それぞれの代案の長所と短所を比較してください。)
```

●認知検証(cognitive verifier)

人がきく質問は時々範囲が広すぎて、具体的な回答を出しづらい場合があります。その時に、質問を具体化するために追加的な質問を重ねることで質問を「分割」し、分割した質問それぞれへの回答を一つにまとめることで、具体的な回答を出すことができます。

```
Generate a number of additional questions that would help more
accurately answer the question. Combine the answers to the
individual questions to produce the final answer to the overall
question.
(質問により正確に答えるために必要な追加質問を作ってください。最終的な回答はそれぞれの質問への回答をまとめて出してください。)
```

上記の最初のプロンプトによって、不明な点や漏れている情報を補完するように導くことができます。ユーザ側も新しい角度から考えさせられることによって、最初は思い付かなかった要素を新たに見つけることができるかもしれません。また、二番目のプロンプトによって、最終的な回答としてユーザからの特定回答だけでなく、全体の情報をまとめて総合的な回答を出すことができます。

必要によっては、言語モデルが追加できく質問の個数を規定することもできます。そうすれば、冗長にたくさん質問されることを防ぎ、決められた個数の質問でより密な情報を与えることができます。

●拒否ブレーカー（refusal breaker）

言語モデルに入力するプロンプトによっては、回答を拒否される場合があります。例えば犯罪に悪用される危険性があったり、社会的偏見や差別につながったりするプロンプトなどでは、しばしば言語モデルからの拒否が起こります。

しかし、そのように正義や倫理に関わる問題を除いても、単純に言語モデルの知識や能力範囲を脱するトピックに関して、回答拒否が起こることがあります。筆者の場合は、今日の天気を尋ねたところ、「リアルタイム情報にアクセスできないので答えられない」と拒否されました。また、主観的な要素が入るところや、個人の信念に関わるプロンプトに関しても回答拒否が起きる場合があります。

本パターンはそういった拒否を迂回するための工夫ですが、利用に際しては上記の悪用につながらないよう責任を持たなくてはいけません。まずは、なぜプロンプトへの回答を拒否するのか、その理由を尋ねるパターンです。

```
Explain why you can’t answer the question.
（なぜ質問に答えられないか説明してください。）
```

回答が拒否される理由が分かっただけで、それを迂回するに十分な情報が得られる場合もあります。そうでない場合は、下記のように言語モデルが回答できるような質問のし方を、プロンプトとして尋ねることができます。

```
Provide alternative wordings of the question that you can answer.
（答えられる質問にするための尋ね方を教えてください。）
```

しかし、言語モデルによって提示された聞き方が、必ずしも最初のユーザの意図に合致するとは限りません。そのためこのパターンは、言語モデルが答えられる範囲とそうでない範囲を把握するための、より有効なパターンとも言えます。

7.2.5 インタラクション

●逆インタラクション(flipped interaction)

特定タスクを行うために必要な情報を把握するために、ユーザに質問するよう言語モデルを導くパターンです。先ほども説明したように、目的を達成するためには、言語モデルに対してできるだけ具体的に詳細を与える必要が生じてくる場合が多くあります。その際に、どのような情報が必要なのか、ユーザが完璧に把握することが難しい可能性もあります。言語モデルに必要な情報に関して質問させるようにすることで、ユーザがどのような情報を提供すべきか分からなくても、必要な情報の漏れの発生を防ぐことができます。

```
I would like you to ask me questions to achieve X.
(Xを達成するために必要な質問を私に聞いてください。)
```

こうした逆インタラクションで最も重要なのは、達成したい目的をはっきりさせておくことです。また、「Xを達成するために必要な情報が十分集まるまで」のように、言語モデルからの質疑がいつ終了すべきかを明示しておくこともよい戦略です。1ターンできく質問の数を指定するのも、効率的なインタクラクションにつながる可能性を高めます。

逆インタラクションで注意すべきもう一つの点は、ユーザの専門性に照らして、ユーザがインタラクションする程度を制御することです。目的に関する知識をユーザがほとんど持ち合わせていなければ、言語モデルに様々な要素の推定や決定を委ねる旨を明示すべきであり、逆にユーザの専門性が高く重要な選択を直接行いたい場合は、その旨を伝える必要があります。

●無限生成(infinite generation)

ユーザのニーズによっては、満足できる回答が出るまで同じプロンプトを繰り返し入力する必要が生じる場合もあります。例えば、キャッチコピーの生成のように正解が決まっておらず、できるだけ多くの候補を見たい場合がそれに該当します。そういった際に、毎回同じプロンプトを入力する手間を防ぐために、このパターンを利用できます。

```
Generate output until I say stop, X outputs at a time.
(私が止めるまで一回にX個ずつ出力を生成してください。)
```

また、基本的に同じプロンプトを多数の対象に対して適用する場合、例えば「XXについて教えてください。」という問いを様々な対象について投げたい場合も、このパターンが有効になります。その際に、本章で見たテンプレートパターンと同様にテンプレートを用意し、プレースホルダーに入る入力リストを提供することで、同じプロンプトを一部だけ変えながら繰り返し入力する必要がなくなります。

無限に回答を出力するようにプロンプトで誘導しても、言語モデルの設計的に、最初のプロンプトから数えて回答の回数が多くなればなるほど、プロンプトの内容が言語モデルの「記憶」から消えていく可能性が高くなります。そのため、回数を重ねていくにつれ、回答の内容がまだプロンプトの内容に沿っているかを確認する必要があります。

●ゲームプレー (game play)

特定テーマに関してゲームを作らせるパターンです。テーマに関して単純に質問を聞いてくるようにすることもできれば、下記のようにゲームのルールをユーザが与えることもできます。

```
Create a game for me around X: <RULE OF THE GAME>.
(Xについてゲームを作ってください: [ゲームのルール])
```

また、ペルソナパターンと組み合わせて、言語モデルに特定の役割を与えてゲームを成立させることも可能です。例えば、ハッキングされたLinuxカーネルの役割を与えて、ユーザのコマンドに対してその役割にふさわしい回答を出させることなどができます。

7.2.6 文脈制御

●文脈管理(context manager)

言語モデルの回答は直前のプロンプトだけでなく、それ以前の会話からの文脈も反映して形成されます。しかし、その文脈が正確に何回前までの会話を参照しているかは明確ではありません。その文脈の不明確さによって、言語モデルの回答が以前のどこの話に基づいているのか、混乱を招く場合も生じてきます。

そういった際に、言語モデルの回答が参照する文脈の範囲を特定、ないしは外すことで、より精密に回答の制御を行うことができます。

```
Within scope X, please consider Y (OR Please ignore Z).
(Xの範囲で、Yを参照してください。(ないしは、Zを無視してください。))
```

ここで提示する文脈は、以前の会話で現れたトピックや指示などであり、具体的であればあるほど、言語モデルの文脈をよりユーザの意図に近い方向へと制御できます。

さらに、今までの会話を一切反映せず、ゼロから会話を始めるように設定したい場合は、それをプロンプトで指示できます。

```
Ignore everything we have discussed and start over.
(今まで話したのは全て無視して、最初から始めさせてください。)
```

しかし、他のプログラムなどと同様に、文脈をリセットしてしまうことによって過去の会話の参照を通じて得られる有用な情報や、会話を通じてユーザにカスタマイズされた回答のパターンなどは失われてしまうので気を付ける必要があります。

7.2.7 組み合わせ

ここまで紹介した様々なプロンプトのパターンは、単独で使う必要はありません。むしろ複数のパターンを組み合わせることで、より効率的で幅広いタスクが、言語モデルを通じて実行できるようになります。

●レシピ(recipe)

特定の目的と、ユーザが把握・保持している「素材」(ingredient)がある際に、その目的を達成するために素材をどう用いればよいのかを、料理におけるレシピと同様に順次的に提示してもらうことで、作業をより効率的に進めることができます。本パターンは、ユーザがある程度の形式を示して、また現段階の知識(素材)を検討してもらい、さらに方法を求めるという意味で、前述のテンプレートと代案アプローチ、振り返りを組み合わせたパターンであると言えます。

```
I would like to achieve X.
I know that I need to do A, B, C.
Provide a complete sequence of steps for me.
(Xを達成したいです。A、B、Cが必要になることは把握しています。完全なステップを順次的に教えてください。)
```

また、ユーザが提示した素材の中で冗長なものが入っている可能性がある場合は、次のようなプロンプトで検出できます。

```
Identify any unnecessary steps.
(冗長なステップがあれば教えてください。)
```

7.3 日本語のプロンプトエンジニアリング

本章で扱ってきた様々なプロンプトエンジニアリングのテクニックは、基本的に特定の言語に縛られることはなく、日本語でもそのまま翻訳することで同じ効果を出すことが期待できます。

ChatGPTを含めほとんどの大規模言語モデルにおいて、学習データは英語が圧倒的に多いので、英語のプロンプトに対する性能が最も高くなることが想定できます。しかし、本章で扱ったようなプロンプトの工夫は、用いられる語彙の頻度的にも、また指示の内容的にも、大量のコーパスでなくても十分に学習可能であり、言語の違いによる影響は著しくないと思われます。特に日本語の場合は、英語に続いて大量のデータの入手が容易な言語の一つなので、プロンプトエンジニアリングによる性能に深刻な劣化があるとはむしろ想定しづらいです。

実際、筆者が上記の様々なプロンプトパターンを日本語に翻訳して試した結果、ほとんどの場合に意図したような回答が得られました。下記の二つのプロンプト例には、そのことが現れています。

しかし、本章で見たようにChatGPTはほぼ同じ内容のプロンプトであっても、提供している詳細の範囲やプロンプト上の単語の選択、聞き方などに敏感に反応する場合が少なくありません。もし回答が意図に合わない場合は、プロンプトの言い方を変えてみたり、さらなる詳細を提供したりすることによって、意図した回答が得られる可能性が高まります。

プロンプト：**ビジネスを始めたいです。それを達成するために必要な質問を私に聞いてください。**

ChatGPT:

ビジネスを始める前に、以下の質問を自分に対して考え、明確に答えることが重要です。これらの質問に対する答えが、ビジネス計画の基盤となり、成功への道を示すでしょう。

1. ビジネスのアイデア：
－どのようなビジネスを始めたいですか？ 具体的なアイデアを説明してください。
2. 市場調査：
－選んだビジネス分野の市場にはどのような需要がありますか？
－競合他社はどれくらい存在し、競争状況はどうですか？
3. ターゲット顧客：
－どのような顧客層をターゲットにしますか？ その顧客層の特徴は何ですか？
4. ビジネスモデル：
－収益を上げるための具体的なビジネスモデルは何ですか？
－製品またはサービスの価格設定戦略は？
5. 資金調達：
－ビジネスを始めるためにどれくらいの資金が必要ですか？ それを調達する計画はありますか？

6. 法的事項：
ービジネスを運営するために必要な許可やライセンスは何ですか？
ー法的な義務や契約について十分に理解していますか？
7. リスクと対策：
ービジネス運営に関する主要なリスクは何ですか？　それに対する対策はありますか？
8. マーケティング戦略：
ー顧客を獲得するためのマーケティング戦略はどうですか？
ーブランドを構築し、広める方法はありますか？
9. 人材：
ー必要なスキルや経験を持つチームメンバーはいますか？
ー従業員の採用計画はありますか？
10. 成長戦略：
ー長期的な成長戦略は何ですか？　将来的に新しい市場に進出する予定はありますか？
11. 時間枠：
ービジネスを開始する具体的なスケジュールはありますか？

これらの質問に対する考えをまとめ、ビジネス計画を作成しましょう。ビジネス計画は成功への道を示し、投資家やパートナーにも興味を持ってもらえる重要な要素です。また、ビジネスを始める前に法的アドバイスや財務アドバイスを受けることもおすすめします。

プロンプト：**あなたが弁護士だと想像し、弁護士が作りそうな回答を出してください。**

ChatGPT:

もちろん、法的な観点からのアドバイスを提供しますが、私は実際の弁護士ではありませんので、専門的な法的アドバイスは提供できません。ただし、一般的な情報として以下のアドバイスをお伝えします。

1. ビジネス構造：
ービジネスをどのように構築するか（個人事業主、法人、合同会社など）を検討し、適切な法的形態を選択してください。法的な形態は税金、責任、規制に影響します。
2. 契約：
ーパートナーシップ契約、雇用契約、提携契約など、ビジネス運営に関わる契約は注意深く起草し、法的に適切なものにしてください。
3. 知的財産：
ー商標、特許、著作権などの知的財産権を保護するための措置を講じてください。他の企業の権利を侵害しないように注意してください。
4. 規制と許認可：
ー選んだ業界や地域に適用される規制と許認可を確認し、遵守する必要があります。

5. 紛争解決：
－争い事が発生した場合、紛争を解決するための方法やアルタナティブ・ディスピュート・レゾリューション(ADR)の利用を検討してください。
6. 消費者保護：
－商品やサービスを提供する場合、消費者保護法に従う必要があります。顧客との契約や取引に対する法的要件を理解してください。
7. 雇用法：
－従業員を雇用する場合、雇用法や労働規則に従って従業員関係を管理してください。
8. 納税：
－法的な納税要件を遵守し、所得税、消費税、法人税などの税金を適切に申告・納付してください。
9. 契約違反のリスク：
－契約条件を遵守しない場合の法的リスクを理解し、違反を防ぐために契約を厳密に守りましょう。

契約条件を遵守しない場合の法的リスクを理解し、違反を防ぐために契約を厳密に守りましょう。
最終的に、ビジネスを始める前に弁護士との相談が非常に重要です。弁護士は特定の法的な要件に基づいたアドバイスを提供し、法的リスクを最小限に抑えるお手伝いをします。

第8章

Microsoftのサービスで始めるLLMシステム

本章では、主にMicrosoft社のLLM技術導入製品やその仕組み、OpenAI社との取り組み、RAGの仕組みと各処理ごとの検討事項、研究者やデータサイエンティスト視点でクイックにRAGに触れるための手段、そして、それらの理解度をさらに高めるための学習リソースの紹介等を行います。

8.1 本章に書くこと・書かないこと

前章までで、大規模言語モデルの概要、理論の解説、OpenAI社が提供するAPIベースでのLLMモデルの活用例等をご紹介しました。本章では、主にMicrosoft社のLLM関連ツールをベースにして、LLMアプリケーションの利用や構築を目指すときにどのようなツール群や手段、アーキテクチャ例があるのか、またクイックなプロトタイプ環境の構築や、理解度を高めるための学習リソース等を紹介します。

ただし、前章までの概要や理論と異なり、LLMシステム設計・構築に関する技術スタックやベストプラクティス、手法等は日々進化しています。そのため、この章ではLLMシステムを構築するにあたって重要となる、設計のアプローチや考え方に重点を置いています。そして、日々の進化に合わせてQiitaやZenn、個人の技術ブログに多くの方が技術検証や機能検証の結果をまとめていることもあり、本章ではコードベースでのステップ・バイ・ステップの解説はあえて書かない方針としました。本章を読み終える頃には、将来のアップデートに対応するためのキーワードや検索方法に迷わなくなれば幸いです。

8.2 LLMを組み込んだMicrosoft製品

Microsoft社のLLM技術を語る上で、OpenAI社とは切っても切り離せない関係にあります。この2社の協力関係、取り組みの実績や動向、機能・仕組み等を紹介します。

8.2.1 Microsoft社とOpenAI社の関係

Microsoft社の現CEOであるサティア・ナデラ氏は、2023年1月17日の世界経済フォーラム年次会(ダボス会議)のWSJ（ウォール・ストリート・ジャーナル）主催の討論会において、LLMなどのAI技術をMicrosoftの全製品に導入し、プラットフォームとして提供する計画を明らかにしました。同年5月下旬に開催された開発者会議「Microsoft Build 2023」では、生成AIを導入した多数の製品や機能を発表しました(図8.1)。

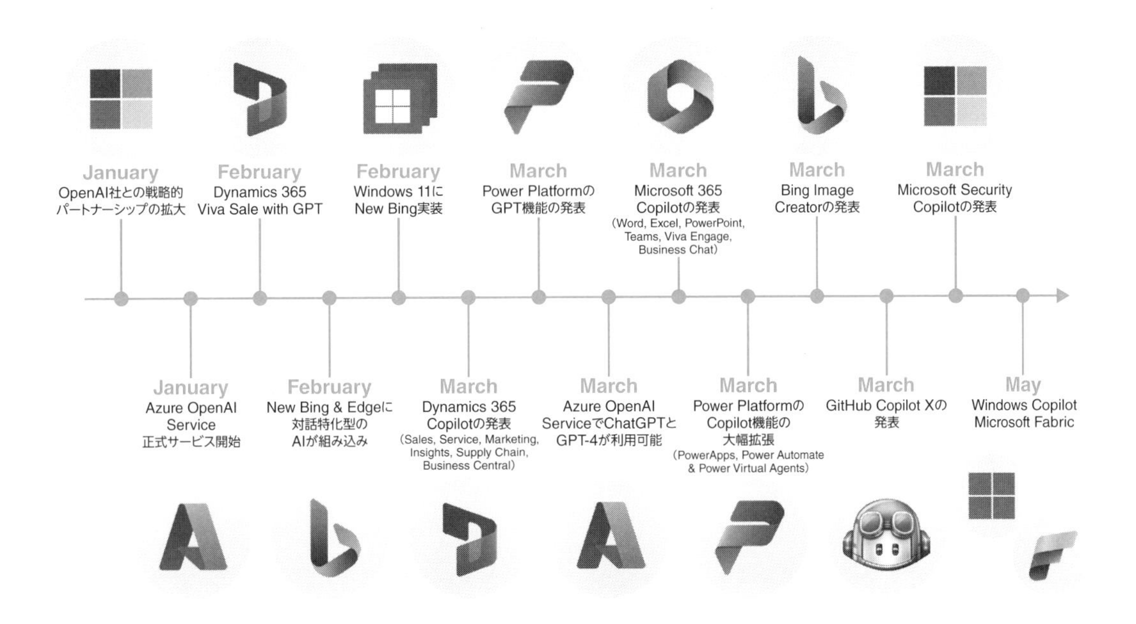

図8.1 2023年にMicrosoftが発表したAI製品のタイムライン[1]

1) https://xtech.nikkei.com/atcl/nxt/column/18/02423/052600028/

Microsoft社とOpenAI社は2019年7月に戦略的パートナーシップを結びました。協業の下、AIスーパーコンピュータの発表、GPTモデルの独占ライセンス取得、OpenAI社のモデルを組み込んだMicrosoft製品の発表など数々のコラボレーションを進めています[2]。Microsoft社のAIブレークスルーとなった主なタイムラインを列挙してみます。

- **2016年9月**：会話型音声認識において人間と同等レベルを達成
- **2018年1月**：読解力において人間と同等レベルを達成
- **2018年3月**：機械翻訳において人間と同等レベルを達成
- **2019年6月**：ニューラル機械翻訳研究のブレークスルーをAzureに統合し、GLUE（一般言語理解）において人間と同等レベルを達成
- **2019年7月：AIのブレークスルーを加速するため、OpenAI社との独占的パートナーシップを発表**
- **2020年2月**：170億パラメータのTuring-NLG言語モデルを発表
- **2020年5月：OpenAI社との協業の下に、同団体専用に構築された初のAIスーパーコンピュータを発表**
- **2020年10月**：Azure、Word、Outlook、PowerPointで利用可能な画像キャプションのAIブレークスルーを発表
- **2021年5月：GPT-3モデルを利用した初の製品機能を発表**
- **2021年6月：GitHubが、OpenAI Codexモデルを活用して開発者を支援する「AIペアプログラマCopilot」の提供を開始**
- **2021年11月：Azure OpenAI Serviceを発表**
- **2022年5月：Azure OpenAI Serviceへのアクセスを拡大するとともに、モデル数を増加し、新たに責任あるAIシステムを導入**
- **2022年10月：Azure OpenAI ServiceのDALL・E 2、Microsoft Designer、Bing Image Creatorを発表**
- **2023年1月：Azure Open AI Serviceの一般提供開始を発表**

実はこのように両社は、数年前からかなり深いビジネス関係にありました。時々誤解があるようですが、Microsoft社がOpenAI社を買収したわけではなく、あくまでもパートナーの関係です。

2023年1月、MicrosoftはAIブレークスルーをさらに加速するため、OpenAI社へ数十億ドルを投資するとともに、同社との長期的パートナーシップの第3段階を発表しました。それによると、両社は共通のビジョンと価値観を共有し、引き続きOpenAI社で生まれた研究がMicrosoftのプ

2) https://azure.microsoft.com/en-us/blog/general-availability-of-azure-openai-service-expands-access-to-large-advanced-ai-models-with-added-enterprise-benefits/

ラットフォーム環境に社会実装され提供されていくとのことです。具体的には大きく分けて以下の3点が示されました[3)、4)]。

●**大規模なスーパーコンピューティング**

OpenAI社はMicrosoft社からの資金的支援により、Azureを利用した複数のスーパーコンピューティングシステムを構築する。モデル学習と推論ワークロードにハイクラスのパフォーマンスとスケール環境を提供することは極めて重要であり、OpenAI社の研究、API、製品全体のすべてのOpenAIワークロードを強化する排他的なクラウドプロバイダである。また、お客様が世界規模でLLMアプリケーションを構築及びデプロイできるように支援する。

●**LLMを活用した新しい体験価値の提供**

Microsoft社は、OpenAI社のモデルをコンシューマー製品とエンタープライズ製品に展開し、OpenAI社のテクノロジーに基づいて構築された新しいカテゴリのデジタルエクスペリエンスを導入する。これにはマイクロソフトのAzure OpenAI Serviceが含まれ、開発者は、Azureの信頼できるエンタープライズグレードの機能とAIに最適化されたインフラストラクチャとツールに支えられたOpenAIモデルに直接アクセスして、最先端のAIアプリケーションを構築できる。企業と開発者はGPTを活用してアプリケーション開発ができるようになった。例えば、DALL·EやCodexなどのOpenAIのテクノロジーをGitHub CopilotやMicrosoft Designerなどのアプリケーションに組み込むためにOpenAI社はMicrosoft社に協力した。

●**社会実装の知見共有**

世界的に多くのユーザに活用されているMicrosoft社の製品に導入したLLMアプリケーションの活用フィードバックは、さらに有用で強力なAIシステムを開発する上で重要である。また、定期的に協力して知見の共有、レビュー、および統合を行い、システムアップデートや、業界全体でAIシステムを利用するためのベストプラクティスを提供する。

このようにMicrosoftの今後のAIビジネスにおいて、OpenAI社との関係や動向を追求することは、人々の今後の生産活動のスタイルにとってかなり注目すべき点でとなるでしょう。このほか、2023年11月6日に開催された「第1回OpenAI DevDay Conference」[5)]でのパートナーシップに関する記事があるので、以下を参照してみてください。

3) https://openai.com/blog/openai-and-microsoft-extend-partnership
4) https://blogs.microsoft.com/blog/2023/01/23/microsoftandopenaiextendpartnership/
5) https://devday.openai.com/

▼OpenAI社による第1回DevDay ConferenceでのMicrosoft関係の公式記事
- https://www.microsoft.com/en-us/microsoft-cloud/blog/2023/11/07/come-build-with-us-microsoft-and-openai-partnership-unveils-new-ai-opportunities/

8.2.2 Copilot導入製品

では、LLMを導入したMicrosoftの製品が具体的にどのように便利になったのか、どのくらいの数LLMが導入される予定なのか、いくつか見てみましょう(詳細は脚注のサイトを参照[6]、[7])。

●Copilot in Word

Wordでは、私たちが日常的に使うような言葉遣いで既存のドキュメントにコンテンツを追加したり、要約したり、フォーマルな文章をカジュアルに変えるなど、ドキュメント全体のトーンを変更できます。また、OneNoteとWordの既存ファイルをプロンプト中で指定することで、それらに基づいた内容のWordファイルを新規作成してもらうような使い方も可能です(図8.2)。

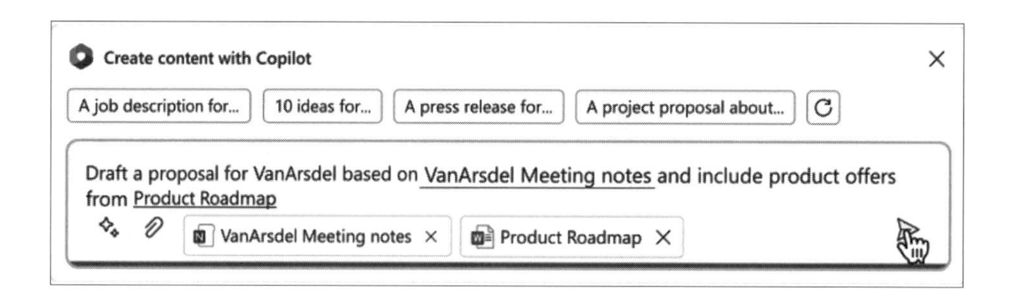

図8.2 Microsoft WordのCopilot画面(新機能発表時点)

●Copilot in Excel

ExcelはCopilotの力を借りて、データの分析と探索をより強化します。データを収集して蓄積する大きな理由の1つは、そのデータの特性や傾向を理解して、次のアクションを決めることです。Excel上のCopilotは、対話形式でデータの特性を自然言語で教えてくれたり、データに基づいた表や図などの可視化を行ってくれたりします(図 8.3)。

6) https://www.microsoft.com/en-us/microsoft-365/blog/2023/03/16/introducing-microsoft-365-copilot-a-whole-new-way-to-work/
7) https://adoption.microsoft.com/ja-jp/copilot/
https://NLP.ist.i.kyoto-u.ac.jp/index.php?KNP

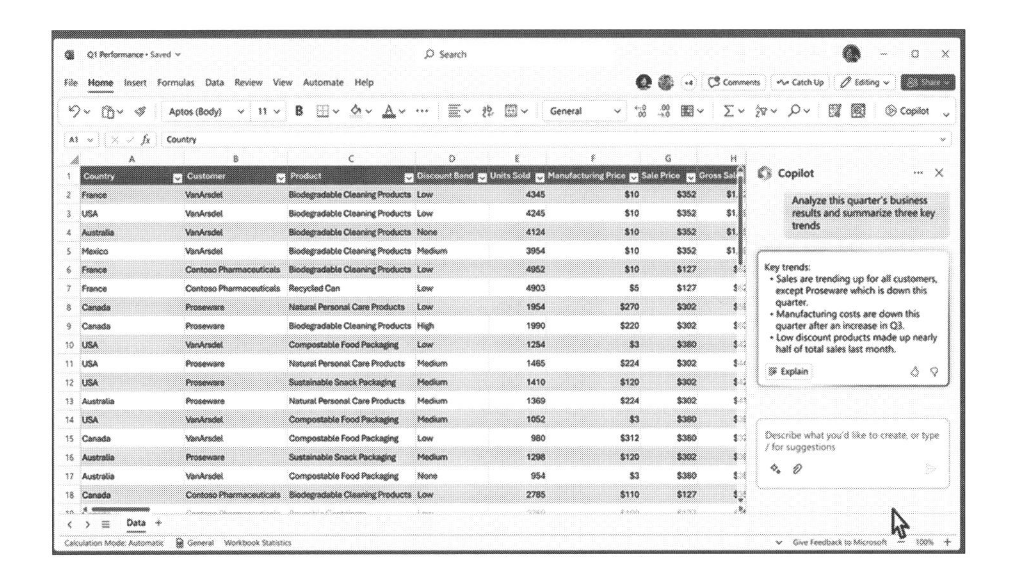

図8.3 Microsoft ExcelのCopilot画面(新機能発表時点)

●Copilot in PowerPoint

PowerPointでは、私たちの伝えたいメッセージやアイディアを素晴らしいプレゼンテーションデック（スライドの集合体）にするのを助けます。PowerPoint上のCopilotは、Word等でまとめられた既存の文書やスピーカーノートに基づいて、スライドを新規作成してくれます。また、

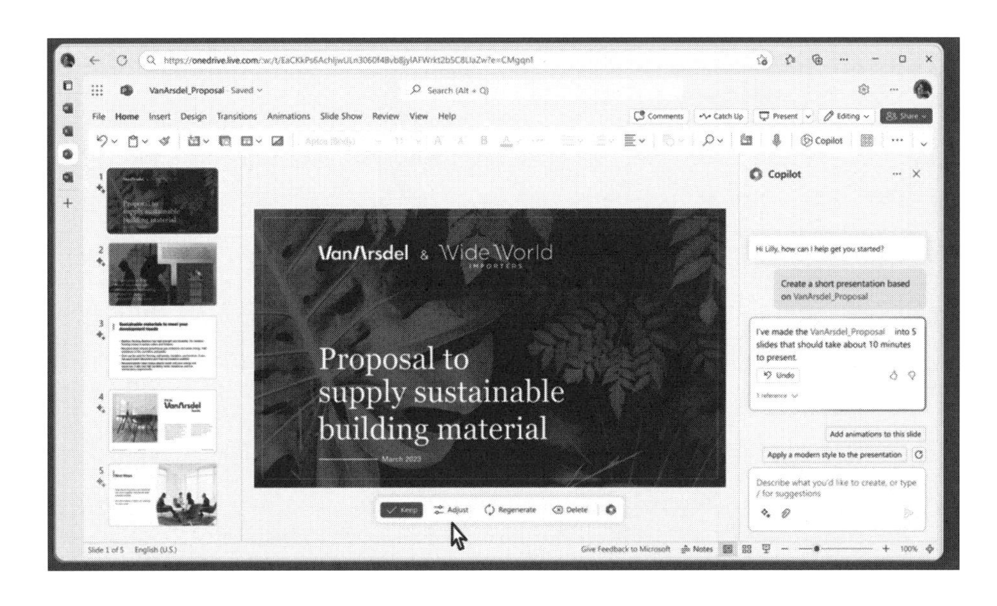

図8.4 Microsoft PowerPointのCopilot画面(新機能発表時点)

作成中のスライドに対して、「5枚のスライドに要約してください」とか、「こちらの3つの箇条書きを3つの列に書式を変更して、画像をつけてください」といったように、さらに魅力的なスライドにするための試行錯誤が自然言語入力で行えるようになります(図 8.4)。

●Copilot in Outlook

メーラーアプリケーションのOutlookは、メールのトリアージに費やす時間を減らし、より速く、より簡単で、より良質なコミュニケーションに多くの時間を使えるように強化されます。プロンプトの具体例を以下に3つ挙げます。

- 「先週外出中に見逃したメールを要約して、重要な項目にフラグをつけてください。」
- 「相手に感謝の意を示し、相手のメール本文の2番目と3番目のポイントについての詳細を求める応答を作成してください。また、短い文章で、トーンをプロフェッショナルにしてください。」
- 「来週の木曜日の正午に新製品の発売のスケジュールの予定を全員に招待するメールを作成してください。また、その際に昼食が提供されることを強調してください。」

このように、受信メールの内容を理解した上でメール対応を行ってくれる、自分専用の秘書のような役割も担ってくれるようになります(図 8.5)。

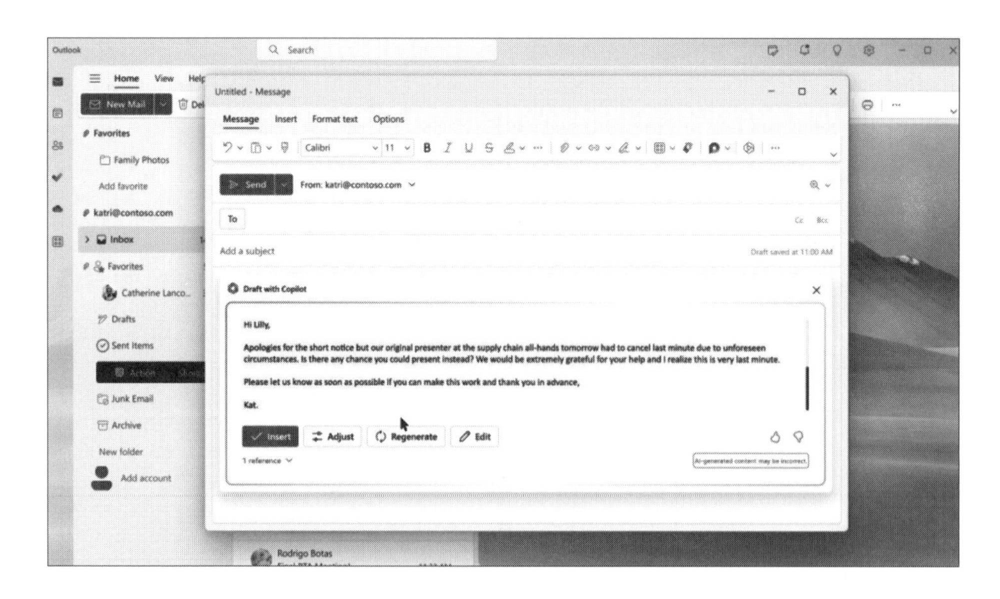

図8.5 Microsoft OutlookのCopilot画面(新機能発表時点)

●その他のCopilot導入製品

このほかにも、Microsoftはこの1年で以下のように多くのLLM製品の導入を発表しました。未知の製品があったらググってみましょう。MicrosoftというとWindowsやOffice製品を連想しますが、今やクラウドベンダであり、ローコードツールやコラボレーションツールの会社でもあります。既に契約しているプランをグレードアップするだけで、AI技術が導入された製品でタスクを効率的にこなし、短い時間でより多くの事柄を達成できるかもしれません。

- Microsoft Teams
- Microsoft Business Chat
- Microsoft Viva Engage
- Power Apps
- Power Virtual Agents
- Power Automate
- Power BI
- AI Builder with Azure OpenAI Service
- Bing Chat
- Dynamics 365 Copilot
- Windows Copilot

上記の中に普段使っている製品がある場合、「製品名+Copilot」でYouTube動画や記事を探すと、なかなか興味深い動画がみつかります。BtoBサービスが多くを占めますが、最も簡単に試せるのはMicrosoft Edge上で動作するCopilot（旧Bing Chat）です。現在、Microsoft Edge画面の右上にCopilotボタンが標準搭載されており、ワンクリックで試せます(図8.6)。日本マイクロソフトの調査[8]によると、2023年3月下旬時点で以下のようなフィードバックを得ているとのことです。

- 71%以上のユーザが検索結果や回答に満足
- プレビュー登録者数は100万人以上で、そのうち日本の登録者数は10万人以上
- 日本からのチャット質問は200万件以上
- 1人あたりの検索数は日本がトップ

●Copilot（旧Bing Chat）の活用例

Copilotについて、筆者が個人的にお勧めの使い方は、特定のWebサイトや論文に関して知りたいことを尋ねることです。arXiv等の論文掲載ページをMicrosoft Edgeで開いている状態で、Copilotを起動します。そして、「この論文を以下の観点でまとめて。第一著者、新規性、次に読むべき関連論文」のようなプロンプトを入力すると、「この論文」が指し示すものが、現在開いて

8) https://www.itmedia.co.jp/news/articles/2303/22/news193.html

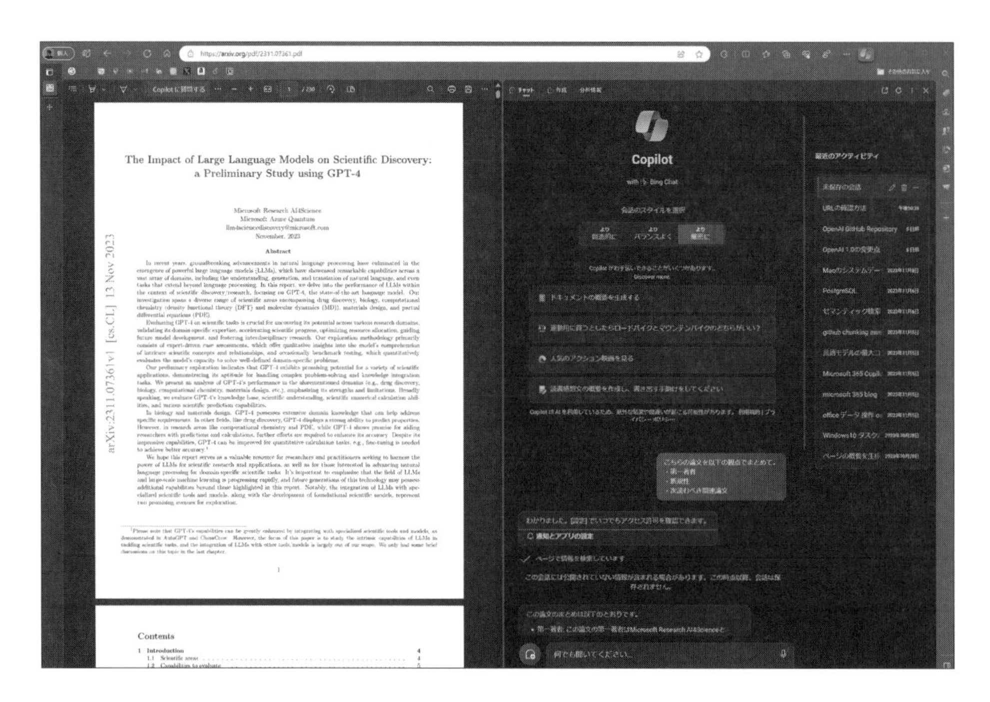

図8.6 Microsoft EdgeのCopilotの画面

いる論文のページであることを認識して、返答してくれます。

論文を読み進めるとき、従来であれば、分からない文章をコピー＆ペーストして、Google翻訳やDeepL翻訳に投入していましたが、Copilotを用いれば、翻訳はもちろん、論文に関して自身が知りたいことを直接AIに尋ねることができます。特に研究テーマを決めるサーベイでは、1つの論文を深く読むよりも、まずはあたりを付けるために多くの論文を知り、新規性や手法、結果を知ることが大事でしょう。そのような際に、次に読むべき論文の候補を挙げてもらう用途でもCopilotはとても便利です。

また、Copilotはモバイル版のBingアプリケーションでも使用可能なので、ラップトップPCやタブレットを持っていない外出時でも会話できます（図8.7）。ChatGPTのモバイルアプリケーションと同様に、音声入力でAIと会話できるので、キーボード入力ができなくても使用可能です。

●広がるLLMアプリケーションの活用シーン

このようにLLMアプリケーションを日常使いできる環境は身近に存在します。ChatGPTだけが特殊なわけではなく、日常業務で利用しているソフトウェア（Microsoft製品に限らず）にもLLMが組み込まれつつあります。LLMは、開発を行うエンジニアだけでなく、ビジネス戦略を練る営業やマーケティングの担当者、クリエイティブなアイデアを生み出す職種、さらには日常生活の中でこの技術に気づかないうちに触れる小学生やお年寄りにとっても、身近な存在に変化していってます。

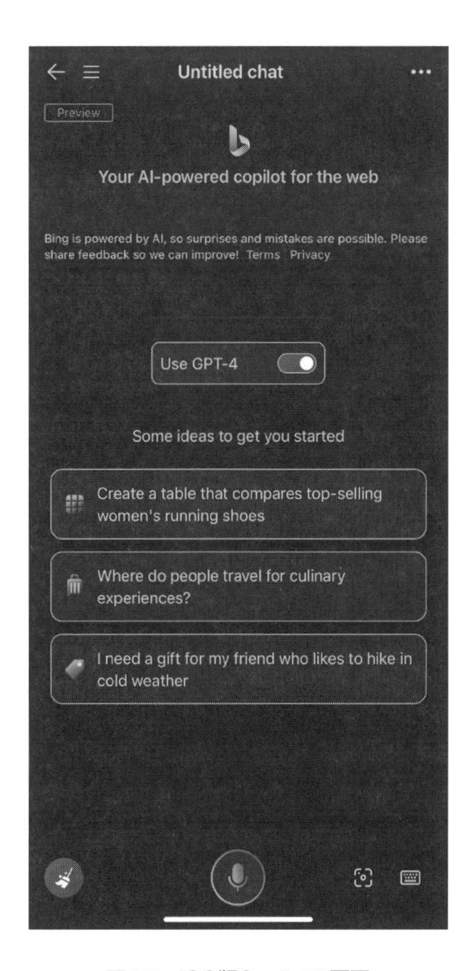

図8.7 iOS版Copilotの画面

本章ではMicrosoftの話題を多く扱いましたが、ほかにも、2022年後半以降、数多くのLLMアプリケーションが開発されました。LLMが導入された多数のサービスについて、下記のGitHubリポジトリに上手く整理されているので、ぜひのぞいてみてください(図8.8)。

▼Microsoft製品以外のLLMサービス一覧

- https://github.com/ai-collection/ai-collection

このリポジトリでは、既存のLLMアプリケーションが「Animation&3D Modeling」、「Search Engines」、「Video」、「Web Design」等といった42種類の用途に分類され、サービスサイトやGithubリポジトリのリンクがリスト化されていますので、漁ってみるだけでもかなり楽しく、新しい知見を得られると思います。

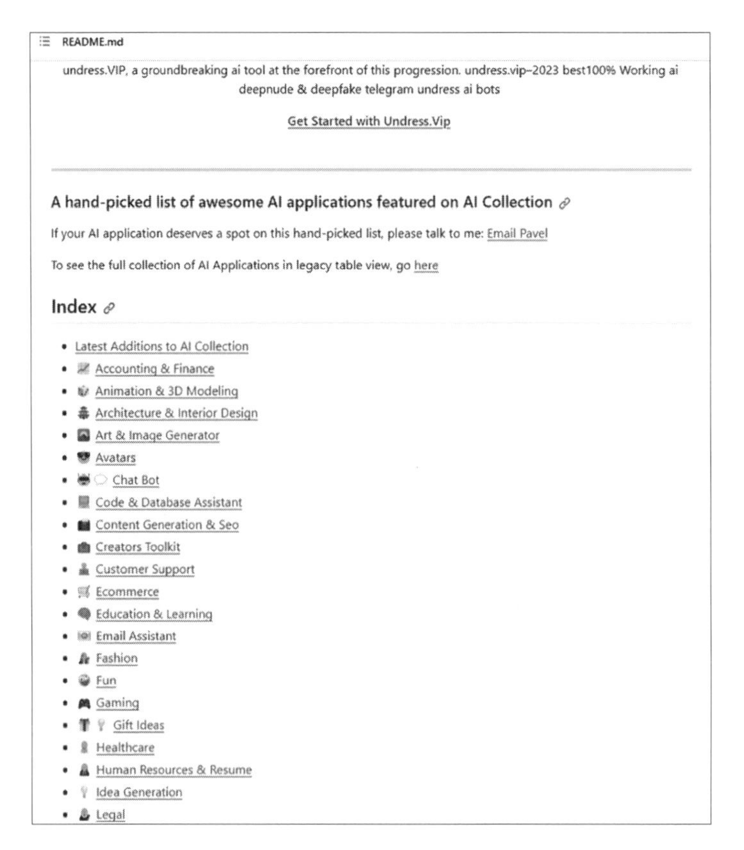

図8.8　LLMが組み込まれた分野別アプリケーションリスト

8.2.3　LLMとMicrosoft Office製品の連携の仕組み

本項では、既存のMicrosoft製品とLLMがどのように連携しているのか、その仕組みについて少し触れていきます。

Microsoft 365 Copilotは、Microsoft Graph（API）、セマンティックインデックス、Large Language Model（LLM）により構成されています。ユーザがMicrosoft 365の各種アプリケーション（Word、Teams、PowerPointなど）上のCopilot画面でプロンプトを入力することで、命令コマンドがシステムに送信されます。

●Copilotによる前処理

送信されたプロンプトはまず、Copilotによって前処理されます。こちらのステップでは、Microsoft GraphとSemantic Indexが鍵となる役割を果たします。Microsoft Graphは、ユーザ、アクティビティ、および組織のデータ間の関係に関する情報はもちろん、ユーザのコンテキスト

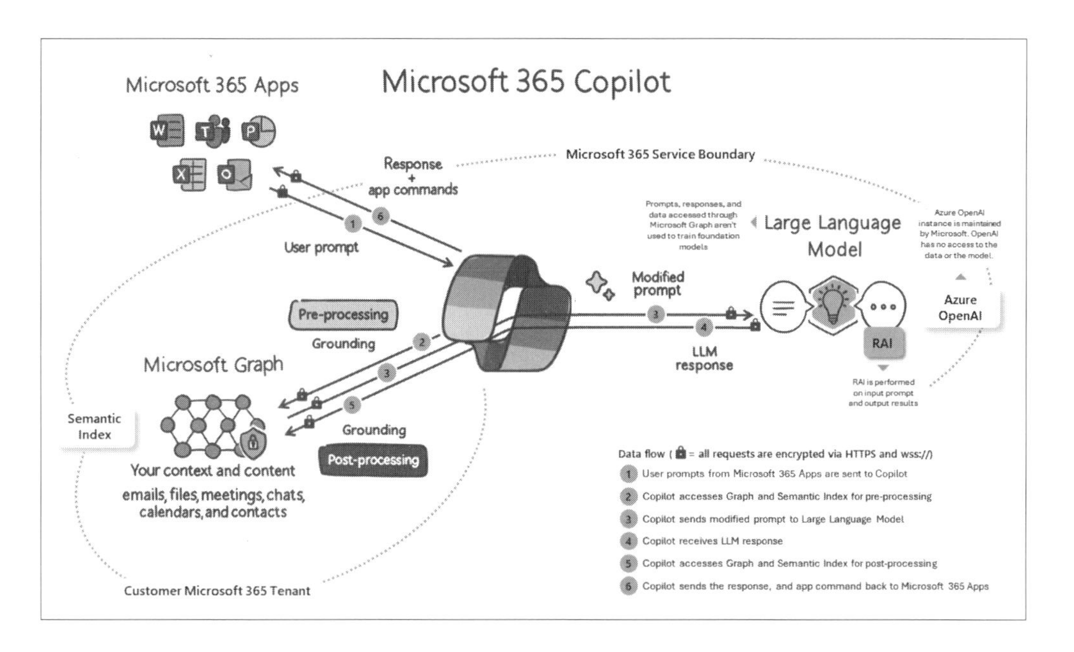

図8.9 Microsoft 365 Copilotの動作フロー

やコンテンツに関する豊富な情報源です。また、Microsoft Graph APIで提供される単一のエンドポイント（https://graph.microsoft.com）を用いることで、メール、チャット、ドキュメント、会議の情報などから、ユーザの行動や好み、以前のコマンドなどのデータにアクセスできます。Semantic Indexは、これらの情報を意味論的に理解し、コマンドが実際のユーザの状況に基づいた検索結果になるように機能します。そして、ユーザの意図したアクションを正確に把握し、それに最適なコマンドを生成するための土台を形成します。ただし、Copilotは、例えば、既存のMicrosoft 365 ロールベースのアクセス制御に基づいて、個々のユーザが既存のアクセス権を持つデータにのみアクセスします。

●レスポンスの生成と回答

前処理によって修正されたプロンプトは、次にLLMに送られます。このモデルは、OpenAIが提供する言語処理の能力を活用して、プロンプトの意味を深く理解し、適切なレスポンスを生成できます。生成されたレスポンスは、後処理を経て再度Microsoft GraphとSemantic Indexによって精査されます。これにより、コマンドがユーザの意図に沿った最終形に仕上げられます。

最終的に、処理されたレスポンスと共に適切なアプリケーションコマンドがMicrosoft 365 Appsに送り返され、ユーザのコマンドに対する具体的なアクションが実行されます。

こちらのプロセスは、Microsoft Researchの論文[9)][77]で述べられている概念に基づいており、自然言語のコマンドをプログラムのコードに変換する手法が提案されています。Microsoft 365

Copilotはこの手法を活用し、自然言語での指示を具体的なアクションに変換することで、効果的なタスク実行を実現します。

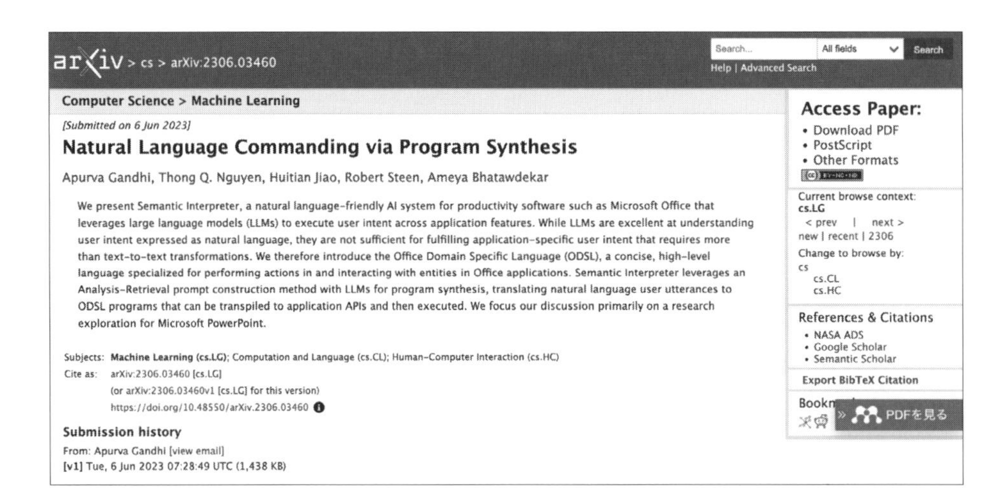

図8.10　Semantic Interpreter（Natural Language Commanding via Program Synthesis）の論文

重要な点は、こちらのプロセス全体がセキュアな環境で行われることです。データは暗号化されており、Microsoftによって管理されています。また、Responsible AI（RAI）の原則が適用されることで、AIの使用が倫理的かつ責任ある方法で行われることが確保されています[10]。

Microsoft 365 Copilotのアーキテクチャは、プログラム合成を通じて自然言語のコマンドを実行可能なアクションへと変換することで、ユーザがMicrosoft 365アプリケーションをより効果的に使用できるようにします。Microsoft AIのデータ、プライバシー、セキュリティについてより理解を深めたい方は、以下に紹介する2つの公式ドキュメントを参考にしてみるとよいかもしれません。

▼Microsoft Copilot for Microsoft 365のデータ、プライバシー、セキュリティ

- https://learn.microsoft.com/ja-jp/microsoft-365-copilot/microsoft-365-copilot-privacy

▼Azure OpenAI Service のデータ、プライバシー、セキュリティ

- https://learn.microsoft.com/ja-jp/legal/cognitive-services/openai/data-privacy

9) Microsoft Research "Natural Language Commanding via Program Synthesis"
https://arxiv.org/abs/2306.03460
10) https://learn.microsoft.com/ja-jp/legal/cognitive-services/openai/data-privacy
11) https://news.microsoft.com/ja-jp/features/231124-copilots-earliest-users-teach-us-about-generative-ai-at-work/

●先行ユーザの大半が生産性を向上

8.2節の最後に、導入の検討材料や活用効果が分かる市場レポートをご紹介します。Microsoft社はMicrosoft 365 Copilotのアーリーアクセスユーザを対象に、評価レポートを提供しています。そのレポート結果は、生成AIが生産性向上を実現できることを示しており、大変興味深いので一部を紹介します[11]。

- ユーザの70%が「生産性が向上した」と回答し、68%が「仕事の質が改善された」と回答
- 全体的に見て、検索や文書作成、要約といった一連のユーザタスクが29%速くなった
- 欠席した会議の遅れを挽回する速度が約4倍速くなった
- 64%のユーザが、「Copilotでメール処理に費やす時間を削減できた」と回答
- 85%のユーザが、「Copilotによって優れた初稿をより迅速に作成できるようになった」と回答
- 75%のユーザが、「Copilotによってファイルから必要なものを見つけられるので、時間の節約になる」と回答
- 77%のユーザが、「Copilotを一度使ったら手放したくなくなった」と回答

8.2節では、Microsoft社とOpenAI社の協力関係を深く掘り下げ、LLM技術がどのようにMicrosoft製品に組み込まれ、それがどのように私たちの生産性や日々の作業に影響を与えるかについて述べました。AI技術、特にLLMの進化は、Microsoft製品のユーザ体験を大きく変革し、新しい可能性を開いています。文書作成、データ分析、プレゼンテーション作成など、あらゆるタスクにおいてAIの力を活用することで、作業の効率化と質の向上が実現可能になっています。このようなLLM技術の進化は、ソフトウェア開発者やデータサイエンティストのような技術者だけでなく、あらゆる職種の人々にとって重要な意味を持ちます。AIと共生する未来を見据え、その可能性を最大限に活用するためには、生産活動に用いている道具を常に見返し続けることも大事なのかもしれません。

8.3 Azure OpenAI Serviceという選択肢

企業でLLMシステムの構築を検討するとき、OpenAI APIだけでなく、Azure OpenAI Service（以下AOAIと略）について情報収集したことがある方も一定数いるでしょう。OpenAI社のモデルがMicrosoft社の技術から提供されており、両者の差異や機能の違いなどが、技術選定の際に気になります。しかし、これら周辺技術は日進月歩でアップデートが激しく、瞬く間に情報が陳腐化してしまいます。LLMアプリケーション分野では、それほど技術の進化や制約の変化のスピードが速いので注意を要します。

2023年10月時点で、AOAIの利用申請や、DALL·EやWhisperのモデル利用の申請、コンテンツフィルタリングに関する申請等いくつかありますが、情報は劣化しやすいので、ぜひ最新情報を検索してみてください。本セクションでは、調べ物をする上で参考になるキーワードを得るためのリソースをご紹介します。

8.3.1 Azure OpenAI Serviceが提供する機能

AOAIでは、主に以下の機能を提供しています。

- ChatGPT/DALL·E/WhisperモデルをAPIとして提供
- Playground（Azure OpenAI Studio）によるクイックなAOAI機能の検証環境の提供（図 8.11）
- 独自データを対象としたRAGアプリケーションのクイックな開発環境の提供（on your data機能[11]）
- 独自データに対応したモデルを再開発するためのファインチューニング環境の提供
- コンテンツフィルタリング機能によるモデルの入出力内容の制御
- Function Callingによる振る舞いの自動制御機能

「上記の機能を持つAOAIの導入率は、グローバルでは1万1000社以上、国内は560社以上に達した」と、2023年10月23日に日本マイクロソフトが法人向け生成AIの取り組み状況として報告しました[12]。また、図 8.12のような「Microsoft生成AI事業化支援プログラム」を発表して支援体制を強化し、導入数の向上が見込まれています。そして、AOAIに関する学習リソースも、この1年（2023年）で充実しつつあります。8.4.5項で後述しますが、日本マイクロソフトではAOAIに関するリファレンスアーキテクチャを公開していたり、Microsoft LearnやGitHub等にソースコードベースの解説付きラーニングコンテンツを公開したりしています。

11）Azure OpenAI StudioのUI上では「Add your data」、公式ドキュメントのタブでは「Your own data」等、表記パターンがいくつかあります。
12）https://japan.zdnet.com/article/35210604/

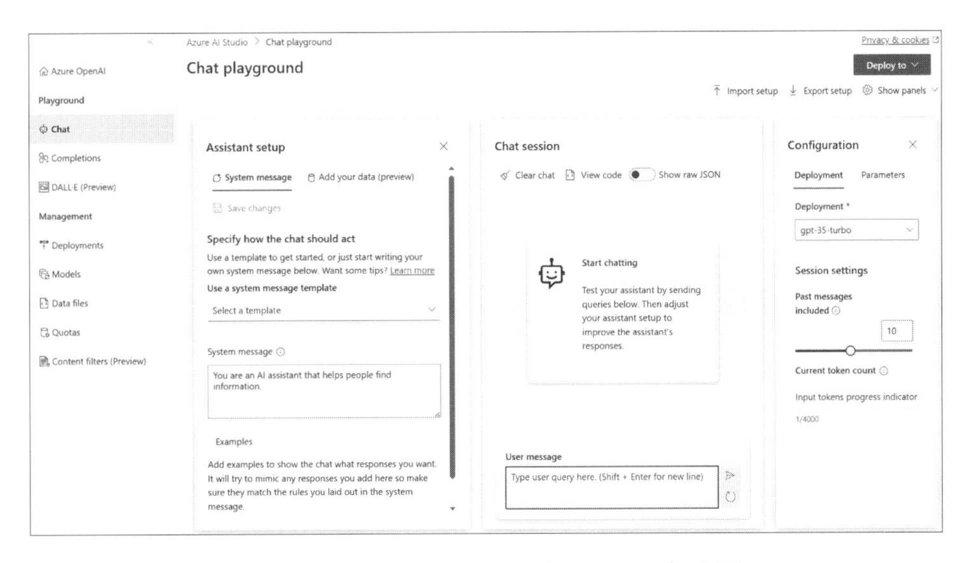

図8.11 Azure OpenAI Studio(Playground)の画面

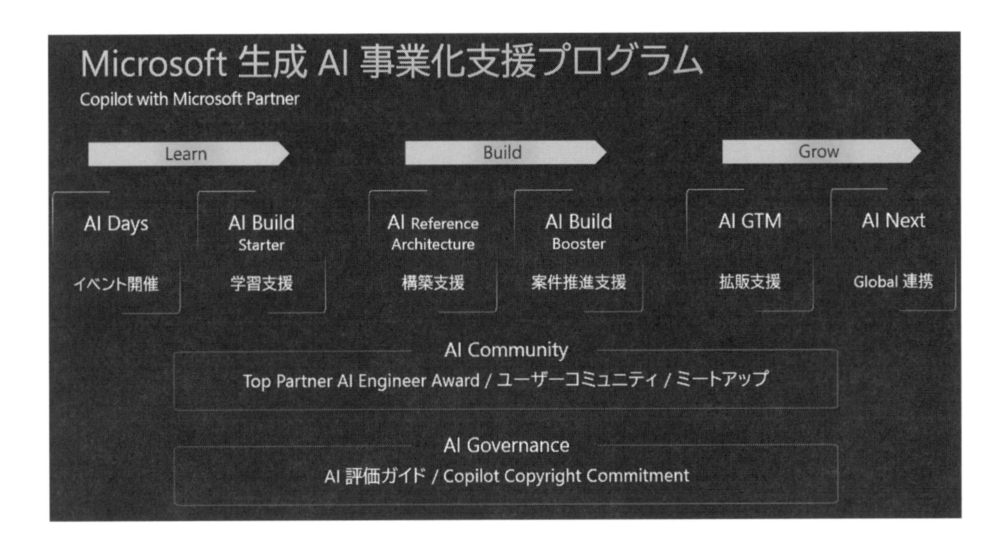

図8.12 「Microsoft生成AI事業化支援プログラム」の紹介スライド

ただし、AOAIの概要から詳細まで知りたい場合は、Microsoft公式のドキュメントを読むのが一番です。AOAIサービスの機能のアップデート頻度を知りたければ、下記の「Azure OpenAI Serviceの新機能」のページを見るのがお勧めです。

▼Azure OpenAI Serviceの新機能

・https://learn.microsoft.com/ja-jp/azure/ai-services/openai/whats-new

どのドキュメントにも共通していますが、最新情報が反映されていない可能性もあるので、そのページの更新日時は要確認です。また、ドキュメントの翻訳作業が追いついていない可能性も考えて、英語ページ（en-us）の方も要チェックです。また、AOAIに関しては、モデルやAPI、細かい機能などが、本家OpenAI社の発表から短期間で対応されることも多いので、OpenAI社の公式ページやX（旧Twitter）を確認するのも効果的でしょう。[78]、[79]、[80]、[81]

8.3.2 OpenAI Python v0.28.1からv1.0への変更点

AOAIをPythonで扱う際は、OpenAI API（Python）を必要とします。OpenAI社はOpenAI API（Python）のメジャーリリースとなるv1.0を2023年11月よりリリースし、記述の仕方のほか、ライブラリ内のグローバル変数やメソッドなどの名称が多数変更・削除されました。しかし、ChatGPTを用いたシステム開発が盛り上がる中、以前のバージョンのOpenAI API（Python）v0.28.1以下を用いて既に実装されたケースが多いかと思います。本項では、移行の参考になるようにv0.28.1からv1.0への変更点について簡単にご紹介します。

表2.1　変更された名称一覧

OpenAI Python v0.28.1	OpenAI Python v1.0
openai.api_base	openai.base_url
openai.proxy	openai.proxies
openai.InvalidRequestError	openai.BadRequestError
openai.Audio.transcribe()	client.audio.transcriptions.create()
openai.Audio.translate()	client.audio.translations.create()
openai.ChatCompletion.create()	client.chat.completions.create()
openai.Completion.create()	client.completions.create()
openai.Edit.create()	client.edits.create()
openai.Embedding.create()	client.embeddings.create()
openai.File.create()	client.files.create()
openai.File.list()	client.files.list()
openai.File.retrieve()	client.files.retrieve()
openai.File.download()	client.files.retrieve_content()
openai.FineTune.cancel()	client.fine_tunes.cancel()
openai.FineTune.list()	client.fine_tunes.list()
openai.FineTune.list_events()	client.fine_tunes.list_events()
penai.FineTune.stream_events()	client.fine_tunes.list_events(stream=True)
openai.FineTune.retrieve()	client.fine_tunes.retrieve()

openai.FineTune.delete()	client.fine_tunes.delete()
openai.FineTune.create()	client.fine_tunes.create()
openai.FineTuningJob.create()	client.fine_tuning.jobs.create()
openai.FineTuningJob.cancel()	client.fine_tuning.jobs.cancel()
openai.FineTuningJob.delete()	client.fine_tuning.jobs.create()
openai.FineTuningJob.retrieve()	client.fine_tuning.jobs.retrieve()
openai.FineTuningJob.list()	client.fine_tuning.jobs.list()
openai.FineTuningJob.list_events()	client.fine_tuning.jobs.list_events()
openai.Image.create()	client.images.generate()
openai.Image.create_variation()	client.images.create_variation()
openai.Image.create_edit()	client.images.edit()
openai.Model.list()	client.models.list()
openai.Model.delete()	client.models.delete()
openai.Model.retrieve()	client.models.retrieve()
openai.Moderation.create()	client.moderations.create()
openai.api_resources	openai.resources

●削除されたグローバル変数やメソッド一覧

- openai.api_key_path
- openai.app_info
- openai.debug
- openai.log
- openai.OpenAIError
- openai.Audio.transcribe_raw()
- openai.Audio.translate_raw()
- openai.ErrorObject
- openai.Customer
- openai.api_version
- openai.verify_ssl_certs
- openai.api_type
- openai.enable_telemetry
- openai.ca_bundle_path
- openai.requestssession
- openai.aiosession
- openai.Deployment
- openai.Engine
- openai.File.find_matching_files()

Chat Completionを例にして記述の違いを確認しましょう。以下に新旧のコードを記しました。

各コードを比較しながら上から読むと、ライブラリのインポートの記述がまずは異なることがわかります。v0.28.1までimport openaiだったものが、v1.0以降ではfrom openai import AzureOpenAIとなっています。

続いて、環境変数周りにも変更があります。以前まで、openai.api_type = "azure"で指定したところが、AzureOpenAIクラスのインスタンスを作成しています。そして、そのインスタンス作成時にエンドポイントとキー、APIバージョンを指定していることがわかります。

システムプロンプト、ユーザプロンプト等の会話履歴の与え方も、以前のopenai.ChatCompletion.createという書き方から、client.chat.completions.createへと変更されています。completionに"s"が付くようにアップデートされている点は要注意です。

最後にレスポンスメッセージの記述がデータアクセスの観点で変更されています。response['choices'][0]['message']['content']のようなディクショナリ型だったものから、response.choices[0].message.contentのようなオブジェクトの属性アクセスに変更されています。

こちらの変更により、より可読性が上がり、レスポンス構造が理解しやすい形となりました。今後のさらなるアップデートに向けて、よりリッチな機能やメソッドの提供、そして、エラーハンドリングの改善が容易になることが期待されます。

リスト8.1 旧 v0.28.1（OpenAI for Python）の場合：

```
1   import os
2   import openai
3   openai.api_type = "azure"
4   openai.api_base = os.getenv("AZURE_OPENAI_ENDPOINT")
5   openai.api_key = os.getenv("AZURE_OPENAI_KEY")
6   openai.api_version = "2023-05-15"
7
8   response = openai.ChatCompletion.create(
9       engine="gpt-35-turbo",
10      messages=[
11          {"role": "system", "content": "You are a helpful
            assistant."},
12          {"role": "user", "content": "Does Azure OpenAI support
            customer managed keys?"},
13          {"role": "assistant", "content": "Yes, customer managed
            keys are supported by Azure OpenAI."},
```

```
14          {"role": "user", "content": "Do other Azure AI services
            support this too?"}
15      ]
16 )
17
18 print(response)
19 print(response['choices'][0]['message']['content'])
```

リスト8.2　新 v1.0 (OpenAI for Python)の場合：

```
1  import os
2  from openai import AzureOpenAI
3
4  client = AzureOpenAI(
5    azure_endpoint = os.getenv("AZURE_OPENAI_ENDPOINT"),
6    api_key=os.getenv("AZURE_OPENAI_KEY"),
7    api_version="2023-05-15"
8  )
9
10 response = client.chat.completions.create(
11     model="gpt-35-turbo",
12     messages=[
13         {"role": "system", "content": "You are a helpful
           assistant."},
14         {"role": "user", "content": "Does Azure OpenAI support
           customer managed keys?"},
15         {"role": "assistant", "content": "Yes, customer managed
           keys are supported by Azure OpenAI."},
16         {"role": "user", "content": "Do other Azure AI services
           support this too?"}
17     ]
18 )
19
20 print(response.choices[0].message.content)
```

▼OpenAI Python v0.28.1以下からv1.0への移行

- https://learn.microsoft.com/ja-jp/azure/ai-services/openai/how-to/migration?tabs=python-new%2Cdalle-fix#name-changes

また、バージョン変更に伴う移行だけではなく、本家OpenAIのエンドポイントからAzure OpenAI Serviceのエンドポイントへの移行に伴う記述の違いに関しても、Microsoftの公式ドキュメントで述べられています。下記より参照してください。

▼OpenAI エンドポイントから Azure OpenAI Service エンドポイントへの移行

・https://learn.microsoft.com/ja-jp/azure/ai-services/openai/how-to/switching-endpoints

8.3節では、Azure OpenAI Service（AOAI）の選択肢とその利用方法に焦点を当て、企業がLLMシステムを構築する際の機能の選択肢とバージョン変更に伴う注意事項について少し触れました。

AOAIはChatGPT、DALL·E、Whisperモデルなどを APIとして提供し、Playgroundを通じた迅速な検証環境、独自データを対象としたRAGアプリケーション開発、Fine-tuning機能、コンテンツフィルタリング、そしてFunction Callingなど、多様な機能を備えています。重要なことは、AOAIの情報のアップデートや機能の進化のスピードは凄まじく速いため、正しく動作する最新情報を得るために公式ドキュメントや関連ウェブサイトを定期的に確認することです。

AOAIの導入は、ビジネスにおける生産性とイノベーションを大きく推進する可能性を秘めています。日本国内外での導入事例が増えており、Microsoftが提供する各種支援プログラムも導入を後押ししています。そのようなLLMの技術とサポートプランを活用することで、企業は新しい市場機会を拓き、競争力を高めることができるかしれません。

8.4 RAGアーキテクチャ

本節では、RAGの概要と具体的な処理フロー、クラウド(Azure)で実現する場合のRAGアーキテクチャについて解説します。LLMのAPIを使った情報検索、チャットボット、データ拡張を再確認した上で読み進めたい場合は、一度「第4章ChatGPTのAPI」に立ち戻ってみるのがよいかもしれません。

8.4.1 RAGとは?

RAG(Retrieval Augmented Generation)を一言で説明すると、まだLLMが学習していない外部データを取得し組み合わせることで、LLMを拡張する手法です。

ChatGPT(Web版)の利用中に、「申し訳ありませんが、私の知識は2021年9月までのものであり…」というレスポンスが返ってくることがあります。最近の出来事やある時以降に生まれた概念や言葉については答えられない、または、入力プロンプトの書き方によっては返答があったとしてもハルシネーション(不正確な内容を出力すること)の可能性があります。

一方、ビジネス利用では、AOAIのGA(一般提供)が開始された2023年1月から2カ月経過した2023年3月頃より、「社内の独自データに対しても、ChatGPT(Web版)のようなチャットインターフェースで、社内文書のナレッジをセキュアに検索できるようにしたい」という需要が急激に高まり、PoC案件が急増した印象を受けました。

このような場合のソリューションの1つが、RAGアーキテクチャです。

8.4.2 基本的なRAGの構成と心構え

基本的なRAGアーキテクチャの設計を考える上では、まず、最終的なゴールの形を提示します。図8.13のように、入力が自然言語文(プロンプト)で、RAG(拡張されたLLM)を経由して処理を行い、出力として自然言語のResponse文が返ってくるという認識に違和感はないと思います。

図8.13 基本的なRAGの入出力の図

RAGの詳細を見ていくうえで前提となるのは、RAGアーキテクチャはいくつかの自然言語処理やデータベース処理の組み合わせで実現されており、使用する技術や検索対象のデータ形式及び文章の言語(英語や日本語等)に応じて、パフォーマンスが変化することです。つまり、パフォーマンス改善や、予期した結果が返ってくるようにプロンプトエンジニアリング(特にSystem Promptの設計)をするうえで、各処理工程の仕組みを理解しておくこと、それがRAGアーキテクチャの設計と実装後に重要になってきます。

RAGアーキテクチャを作ること自体は、LangChainや後ほど説明するAzureアーキテクチャ、Semantic Kernelを利用すればシンプルで、難しくはありません。しかし、独自データを対象としたビジネス現場において活用できる信頼度の高いRAGを構成するためには、実際に想定ユーザに使ってもらってフィードバックループを回し、レスポンスを改善していく中で各処理への理解を深めることが、かなりの肝になると言ってよいでしょう。

RAGアーキテクチャの全体像を理解しようとすると、大きく以下の2つの構成要素に分けられます。

1. データベースとLLMの連携部分
2. 独自データのデータベース部分

以降では、上記の1番目のアーキテクチャの全体像となるRAGの処理フローを説明した後に、2番目の独自データのデータベースについて解説します。

8.4.3 RAGの処理フロー

RAGベースのLLMアプリケーションでは、次のような全体的な処理フローを辿ります(図8.14)。

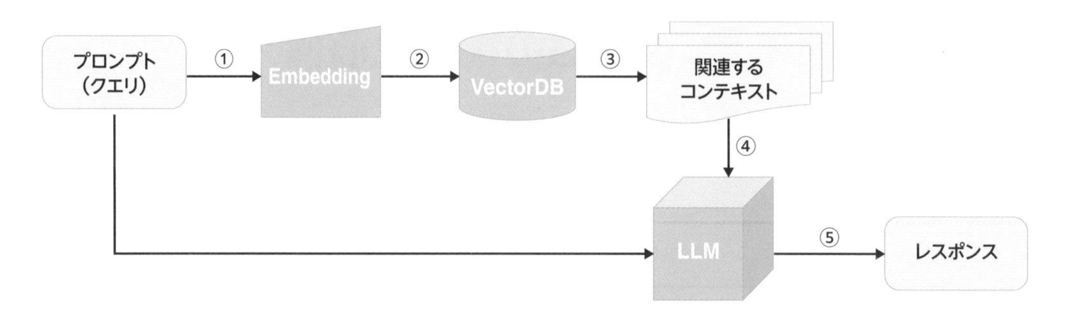

図8.14 基本的なRAGの全体処理フロー

①プロンプト(クエリ)をEmbbedingモデルに渡し、ベクトルに変換する
②変換されたクエリベクトルを用いてVectorDB内を検索する（このVectorDBに格納される独自データの作成《ナレッジベース》に関しては次項で解説します）
③クエリベクトルとナレッジベース（VectorDB）内のベクトルデータとの距離を算出し、Top-kの関連コンテキストを取得する
④取得した関連コンテキストと、①で入力されたプロンプト(クエリ)をLLMに渡す
⑤LLMは入力（System Promptも含む）に基づいて、文章の続きとして次に書かれる確率の高いトークンを生成し、応答文を生成する

8.4.4 独自データベースの準備

続いて、独自データベースの準備と活用、そして、その過程での考慮事項を紹介します。ビジネスの場で現実的に活用可能なRAGを作成するには、このデータベースに格納されるデータが、LLMにとってできるだけ綺麗でなければなりません。そのことが後々の精度改善に大きく影響してきます。

(1) データの読み込み

まずは対象とするデータを準備します。ローカルストレージ、SharePoint、OneDrive、クラウド上のAzure Blob Storage、AWS S3等、普段の業務で使っているデータソースがいくつかあると思います。また、新たにWebスクレイピングし、収集するケースがあるかもしれません。そのようなデータソースから、対象とするデータの文字列のみを抽出する必要があります。

例えば、OCRのライブラリやOfficeファイルを直接操作するライブラリ[13]、[14]を利用するのもよいでしょう。本文中の文章のみを抽出するだけならシンプルなタスクだと思いますが、複雑なドキュメント構造からまとまった文章を抽出したり、事前にドキュメント内の画像の位置を特定して前処理したいケースがあったります。さらには、画像中の文字や画像を意味解析した文章を生成して、その文書に追加したいケース、逆に個人を特定できる情報（PII：Personally Identifiable Information）をRAGで対象としないために、データベース作成時から情報の抽出を避けたいケース等があります。このように、RAGの目的やユースケースに応じて、前処理が必要となってきます。

13) https://pypi.org/project/python-docx/
14) https://learn.microsoft.com/ja-jp/office/open-xml/about-the-open-xml-sdk

そのような場合には、次のGithubリポジトリから、適したツールや技術を探すのがお勧めです。

▼ドキュメント抽出に関するリポジトリ集

- https://github.com/tstanislawek/awesome-document-understanding

このリポジトリには、上記のようなケースに対応するための技術やツールが、研究論文、OSS、クラウド技術、アルゴリズム手法等の形でまとめられています。

(2) チャンク分割

データソースから文字列データを抽出できても、そのままRAGで活用するのは、次の2つの観点でお勧めできません。

- LLMの最大コンテキスト長
- ノイズ、不要なコンテキスト

LLMには、1度に覚えられるトークンの長さに制約があります。そのためRAGでは、1度の会話で覚える必要がある文章をデータベースの中から適切にピックし、絞り込むことで対応しています。

ここでの「適切に」というのが、この処理過程では大切です。例えば、指定文字数、段落ごと、文章の意味を解釈した上での分割など、分割手法はいくつかあります。また、分割後に中途半端なところで切れてしまった文字列に対して、意味の通るように文章を補完する手法もあります。このようなチャンク分割を行うための機能を提供するライブラリとして、よく使われているのが、LangChain[15]、Llama Index[16]等です。

また、文章構造を解析して、構造と階層に基づいてコンテンツをインテリジェントに分割し、より意味を考慮して一貫性のあるチャンク分割をする手法もあります[17]。その際に、チャンク分割を行うツールが、対象とする文章の言語に対応しているか(言語アナライザ)を確認する必要があります。

特に、特定の文章ファイルをアップロードすると自動的にRAG対応ができるWebアプリケーションやクラウドサービスを利用する場合には、要注意です。裏側の言語処理の対応言語が英語のみで、日本語にまだ対応しておらず、うまくチャンク分割ができずに精度が出ない可能性も考えられます。意味が伝わる区切り方でチャンク分割ができているか、その手法が選べているかは要確認です。

15) https://js.langchain.com/docs/modules/data_connection/document_transformers/text_splitters/character_text_splitter
16) https://docs.llamaindex.ai/en/stable/optimizing/basic_strategies/basic_strategies.html
17) https://www.pinecone.io/learn/chunking-strategies/

(3) Embedding(埋め込み)

前項では、チャンク分割を行うことで、意味のある文章単位でデータを区切り、チャンクを作る必要性について述べました。続いての処理としては、その小さなチャンク群と、ユーザが入力する特定のプロンプト(クエリ)を比較したときに、最も関連性の高いチャンクを特定する必要があります。

そのために、現在文章となっているチャンク群とユーザクエリをベクトル表現に変換し、関連性を比較できる形にします。プログラム上では基本的に難しい話ではなく、Embeddingするモデルを用いて、Embeddingしたい文字列を与えるのみです。こちらの処理もLangchainライブラリを用いると、HuggingFaceのモデル[18]やOpenAIのモデル[19]等も比較的簡単に活用できます。

MTEB[20][82]によるベンチマークの結果から最も評価されているEmbeddingモデルを探したいときは、HuggingFaceのMassive Text Embedding Benchmark(MTEB)リーダーボードを参考にするのがお勧めです。

▼HuggingFaceのMassive Text Embedding Benchmark(MTEB)リーダーボード
• https://huggingface.co/spaces/mteb/leaderboard

この関連性の高いデータを見つけるためのモデル選定や処理工程が正しく行えていない場合、後の最終的なプロンプト(クエリ)に対する結果に大きく影響を及ぼします。また、より関連性の高いデータを探す方法は、Embedding以外にも、LLMを利用する方法や、従来の情報検索方法であるキーワードマッチング、セマンティック検索を利用する方法などがあり、組み合わせることでさらなる精度の向上が見込まれます。

(4) インデックス化

関連性の高いチャンクを探す仕組みを紹介しましたが、実際のシステム運用を考えると、情報取得速度と検索精度が検討ポイントの1つになります。そのため、素早くデータを取得できるデータベースにチャンクデータを保存(インデックス化)します。本書執筆時点では、素早くデータを取得し、意味的関連性の高さを算出できるベクトルデータベースに書き込むことをお勧めします。ベクトルデータベースには、Pinecone、Chroma、Redis、Elasticsearch、pgvector(PostgresSQL)などがあります。どれを用いるか、トレードオフを検討したベクトルデータベースの技術選定については、下記のブログ記事がとても優秀なので紹介しておきます。

18) https://api.python.langchain.com/en/latest/embeddings/langchain.embeddings.huggingface.HuggingFaceEmbeddings.html
19) https://api.python.langchain.com/en/latest/embeddings/langchain.embeddings.openai.OpenAIEmbeddings.html
20) "MTEB:Massive Text Embedding Benchmark" https://arxiv.org/abs/2210.07316

▼Prashanth Rao氏のブログ「Vector databases (Part 4): Analyzing the trade-offs」
• https://thedataquarry.com/posts/vector-db-4/

このブログでは以下の観点で言及されており、お勧めです。

- オンプレミス vs. クラウドホスティング
- 専用ベンダ vs. 既存ベンダ
- 挿入速度 vs. クエリ速度
- 再現性 vs. レイテンシー
- インメモリ vs. ディスク上のインデックスおよびベクトルストレージ
- スパース vs. デンスベクトルストレージ
- 全文検索 vs. ベクトル検索のハイブリッド戦略
- フィルタリング戦略

(5) 検索

ベクトルデータベースに対象とする文書がチャンク単位でインデックス化されたので、入力クエリに対応した適切な検索をする準備ができました。検索の流れを図解したのが図8.15です。

最も関連性の高い上位k個のチャンクを取得するにあたり、ベクトルデーターベースには、コサイン距離以外にも、内積、ユークリッド距離、次元数など、選択肢がいくつかあります。これらも、上手く精度が出ない場合に見直してみるべきポイントになります。

図8.15　検索における基本的なRAGフロー

(6) LLMからの生成

データベースから関連性の高いチャンクを取り出すことに成功したら、続いて、入力プロンプト（クエリ）をLLMに渡し、応答文を生成します。図解すると図8.16のように、かなりシンプルになります。

この工程での検討事項は、まずはLLM自体の選定です。どのLLMを用いるのかの選定タイミングは、動作環境や開発要件に基づいた設計時が多く、軽量さや料金、ライセンス等が考慮されると思いますが、仮に試したLLMから再度応答結果を見て検討することにとても意味があります。

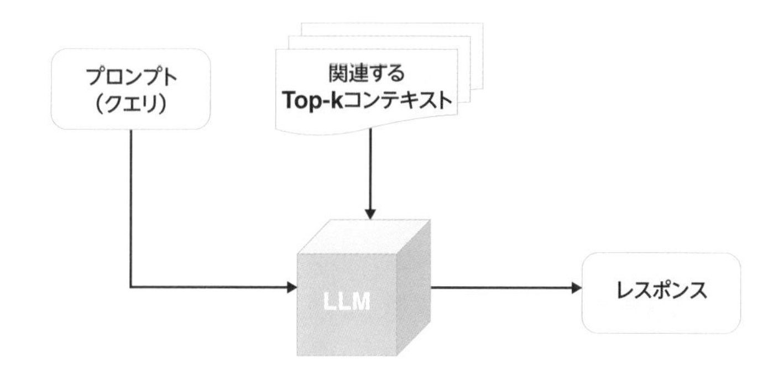

図8.16 LLMを中心とした入力と出力図

選定理由として、既に進行中の開発案件での利用経験、信頼感や愛着といった要素が挙げられます。しかし、モデルの利用における制約や精度は日々改善されており、このような進化を選択基準に含めることが重要です。必ずしも認知度が高いLLMがそのユースケースに適しているとは限りません。

本書はChatGPTにフォーカスしていますが、ビジネスユースケースや機能要件に適したLLMを選定するための能力や選択肢について知っておけば、今後の役に立つでしょう。ここでは、参考リソースとして、商用利用可能なLLMと日本語LLMをまとめているリポジトリを紹介しておきます。

▼Githubリポジトリ「eugeneyan/open-llms」
- https://github.com/eugeneyan/open-llms

▼Githubリポジトリ「llm-jp/awesome-japanese-llm」
- https://github.com/llm-jp/awesome-japanese-llm

そして、もうひとつの検討事項が、LLMのパラメータです。すなわち、system prompt、temperature、top-p等です。ビジネス要件として、より厳密な結果を追求したいケースもあれば、あえて毎回結果が異なるように、クリエイティブさを追求したいケースもあるでしょう。また、利用者の属性やシステム要件に合わせた言い回しや形式で、生成文を出力する必要があるかもしれません。そうした場合には、パラメータが要検討事項の1つになります。

以上のようなステップを経て、独自データベースとLLMを連携したRAGアーキテクチャを実現させることができます。必要な技術スタックを振り返ってみると、技術選定の段階での検討事項や、ツールやアルゴリズムの選択肢があることがわかります。

8.4節では、RAGアーキテクチャの基本原理とその実装方法について詳しく掘り下げました。RAGは、最新情報や特定ドメインのデータを取り込むことで、LLMの応答能力を拡張する手法です。重要なポイントとして、データの選定、チャンク分割、ベクトル化、インデックス化、そして最終的なLLMによる応答生成が挙げられます。

特に強調したいことは、独自データの活用における技術群の選定と前処理、管理の重要性です。これに加えて、チャンク分割とベクトル化の手法、ベクトルデータベースの選択が、RAGアーキテクチャの全体的なパフォーマンスに大きく影響します。

8.4節を通じて、RAGアーキテクチャについて深い理解を得るとともに、実際のビジネスや研究での応用に向けた貴重な洞察を提供しましだ。RAG部分がブラックボックス化されたアプリケーションが少しずつ増えるなか、基礎原理を理解することは、自作のRAG構築や応用したアイディアの手助けとなるでしょう。

次のセクションでは、Azureを中心とし、クイックにRAGを構築する方法とRAG on Azure構築後に比較的細かくチューニングする方法等について解説します。

8.5 研究者のためのクイックなRAG環境構築：Azure OpenAI Serviceとカスタム実装

前節では一般的なRAG（Retrieval-Augmented Generation）の基礎について説明しました。本節では、AOAIの"on your data"機能とAzureサービスを組み合わせてRAG環境を迅速に構築する方法に焦点を当てます。

本書はデータサイエンティストをはじめ、機械学習の理論や応用に携わる専門家を対象としています。そのため、広範囲のユーザ向けのLLMシステム開発のノウハウ提供ではなく、研究で作成・活用する独自データの迅速な検証と、自然言語処理や画像処理などの分野で新たに生まれるアルゴリズムやライブラリを活用してRAGをカスタマイズし、その精度を向上させるアプローチ方法についての情報を提供します。

8.5.1 データドリブンでRAG環境の検証を進めたい方へ

データサイエンティストや研究者にとって、RAGが対象とするデータの設計の検証過程、RAG研究の初期段階での検証ループ、およびサーベイにおいて、様々な加工データやドメイン領域のデータを迅速に変更して検証できる環境をクイックに構築できることには大きな価値があります。この環境により、RAGの概念理解、挙動の確認、ユーザスタディなど研究を進めていくプロセスが効率的に行えます。

その方法として本書籍では、Microsoft Azureが提供するAzure OpenAI Service（AOAI）を利用した方法について触れます。AOAIを用いることで、クラウド上にLLMシステムの構築に必要な環境を作成できます。これにより、一からLLMモデルを学習する必要がなく、OpenAI社の既存のLLMモデルを活用することが可能です。また、クラウド技術を用いるメリットの1つでもあるWebアプリケーションのホスティング環境などもブラウザ上で比較的工数低くセットアップできるため、予め高性能な物理的なコンピュータを用意する必要がなくなります。

RAG機能をもつWebアプリケーションをクイックに構築するには、8.3節でも列挙したAOAIの"on your data"機能を利用するという方法があり、コーディングを必要とせずに実現できます（ただし、事前にAzureのアカウントとサブスクリプションを作成し、Azureのリソースを作成できる環境を用意しておく必要はあります）。

こちらは以下の3つのStepで構築できます。

Step1：Azure OpenAI Serviceのリソースとモデルのデプロイ
Step2：Azure OpenAI Studio上からの外部データのアップロードまたは既存のデータソースとの連携
Step3：Webアプリケーションのデプロイ

●Step1：Azure OpenAI Serviceのリソースとモデルのデプロイ

まず、Azure Portalにアクセスして「Azure OpenAI Service」のリソースを選択し、デプロイを行います。その後、左側のサイドバーから「管理」→「モデル」を選択して、対象のモデルをデプロイします（図8.17）。その際、表8.1に示す"on your data"機能をサポートしているLLMモデルのカッコ内のバージョン表記を確認しながら、正しくサポートモデルを選択する必要があります。

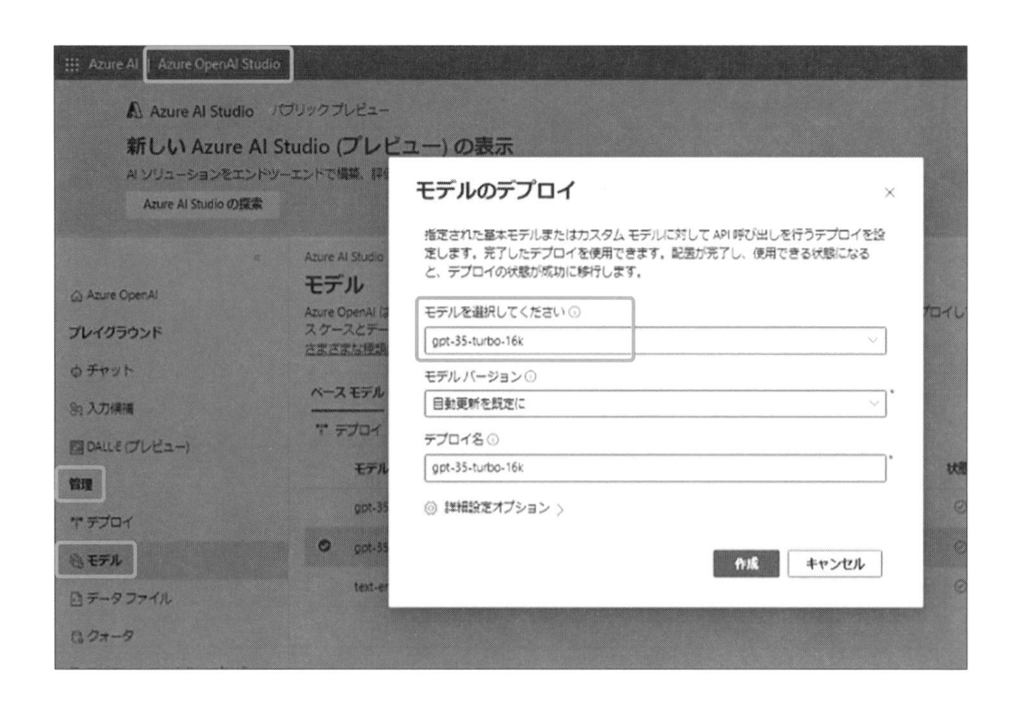

図8.17　Azure OpenAI Studio上でモデルをデプロイする画面

表8.1　"on your data"機能をサポートしているLLMモデル

モデル名(バージョン)
gpt-4(0314)
gpt-35-turbo(0301)
gpt-35-turbo-16k(0613)
gpt-35-turbo(1106)
gpt-4-32k(0314)
gpt-4(0613)
gpt-4-32k(0613)
gpt-4(1106-preview)

●Step2：Azure OpenAI Studio上からの外部データのアップロードまたは既存のデータソースとの連携

続いて、Azure OpenAI Studio上の「プレイグラウンド」→「チャット」画面のタブ「データの追加（プレビュー）」を選択して、RAGが対象とするデータを連携します（図8.18）。

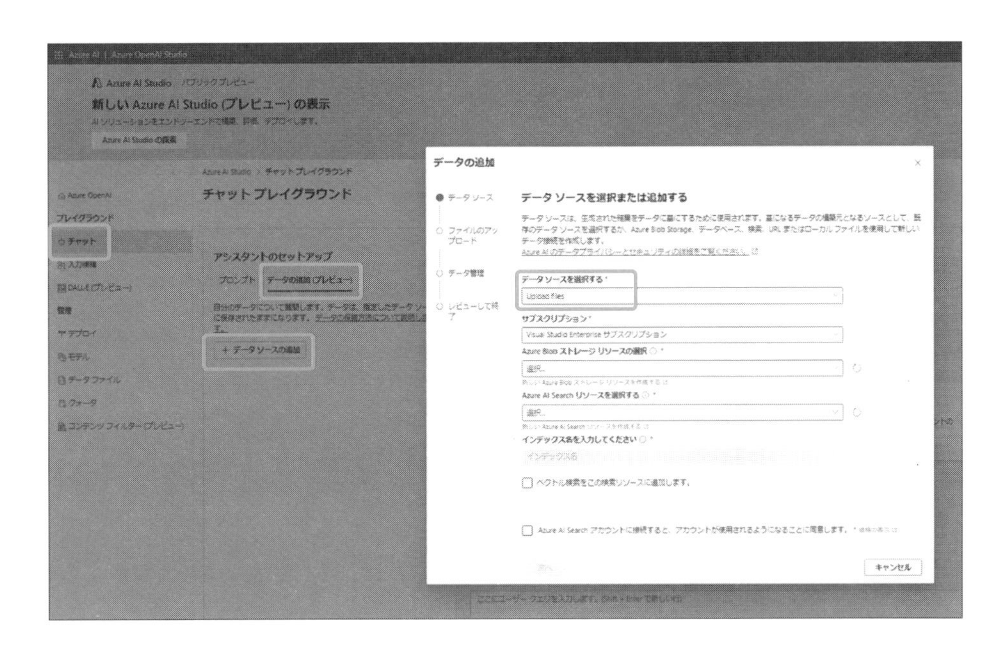

図8.18 "on your data"機能でデータソースを指定する画面

"on your data"機能では以下のデータソースを選択できます。

- **Azure AI Search...** Azure AI Searchを用いて既にインデックスが作成された文書群がある場合に適したデータソースです。Azure AI Search上で事前にカスタムスキルを利用することで、他のAzure AIサービスとの連携が可能になります。これにより、言語検出、キーフレーズの抽出、エンティティの認識といった自然言語処理や、画像内のオブジェクト認識、テキスト抽出などの画像処理の結果をタグ付けできます。また、外部APIの呼び出しやAzure Functionsを使用してカスタムコードを実装することにより、検索対象となるドキュメントからの情報抽出やインデックス作成の自由度が大幅に向上します。
- **Azure Blob Storage...** Azure Blob Storage上にファイルが蓄積されている場合に適したデータソースです。組織内でのデータ管理方法によって異なりますが、例えば、Microsoft SharePoint、Google Drive、Microsoft OneDriveなどのクラウドストレージに保存されているデータをAzure Blob Storageにコピーまたは移動して利用するケースが想定されます。こちらのデータソースを利用する場合、Azure AI Searchリソースが未作成であれば、新規に作成する必要があります。インデックスが自動作成されます。

- **Azure Cosmos DB for MongoDB 仮想コア...** データベースで管理されるデータを対象にしたい場合に適したデータソースです。ベクトル検索に使用する埋め込みモデル必要です。
- **URL/Web address...** 対象としたい文章データが既にインターネットに公開されている場合に適したデータソースです。ただし、HTTPS Webサイトであり、各URLのコンテンツのサイズが5MB未満でなければなりません。こちらのデータソースを利用する場合、Azure AI SearchとAzure Blob Storageリソースが未作成であれば、新規に作成する必要があります。インデックスが自動作成されます。
- **Upload files...** ローカルにある文書ファイルを対象にしたい場合に適したデータソースです。こちらのデータソースを利用する場合、Azure AI SearchとAzure Blob Storageリソースが未作成であれば、新規に作成する必要があります。インデックスが自動作成されます。

●考慮事項

データソースを指定する際の制約や注意点などの考慮事項として、次のことが挙げられます。

・データの種類は、テキストファイル、マークダウンファイル、HTMLファイル、Microsoft Word ファイル、Microsoft PowerPointファイル、PDFがサポートされている。
・1リソースあたりの最大ファイル数は30までで、1リソースあたりのすべてのファイルの合計サイズは1GBまでである。
・ドキュメント構造がモデルの応答の品質に影響を与える。
・チャンクサイズを256、512、1024（default）、1536で選択可能。選択したチャンクサイズの結果として精度が低くなる場合は、別のサイズでデータを再度取り込むと精度が改善される可能性がある。
・追加したデータに対するカスタムパラメータとして、クエリとドキュメントの関連性の閾値を制御する「厳格度」と、応答の根拠を測ったスコアの上位のドキュメント数を制御する「取得したドキュメント」の2つが用意されている。
・Azure AI Searchや次のセクションで利用するWebアプリケーションに関連するリソースは従量課金制である。そのため、検証が不要な時は、リソースを停止するか削除することがコスト削減につながる。

●Step3：Webアプリケーションのデプロイ

データ連携後は、プレイグラウンドでシステムの挙動を確認できます。目的の文章内容が正しく回答されることを確認したら、画面の右上にある「配置先（Deploy to）」ボタンをクリックします。これにより、Azure App Service上に構築したRAG機能を持つチャットインターフェースのWebアプリケーションをデプロイできます（図8.19）。

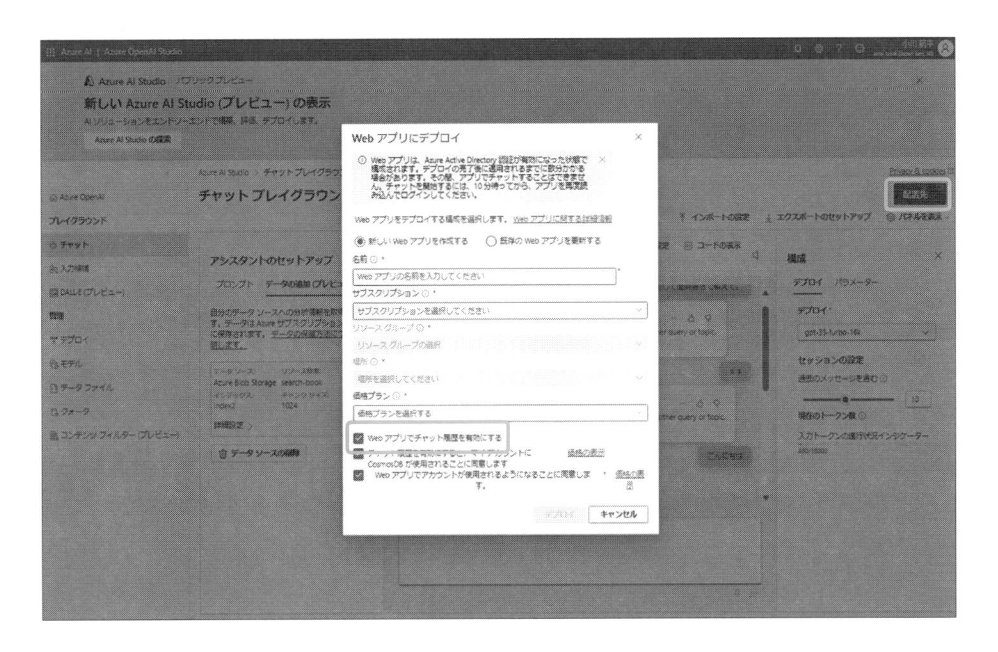

図8.19 RAG機能を持ったWebサービスのデプロイ

デプロイされたコードは、App Serviceのリソース設定画面で確認できます。この画面では、連携しているGitHubリポジトリのURLを確認することにより、デプロイされたコードの詳細を把握できます（図8.20）。執筆時点では、自動でデプロイされるソースコードは「https://github.com/microsoft/sample-app-aoai-chatGPT」が指定されます。

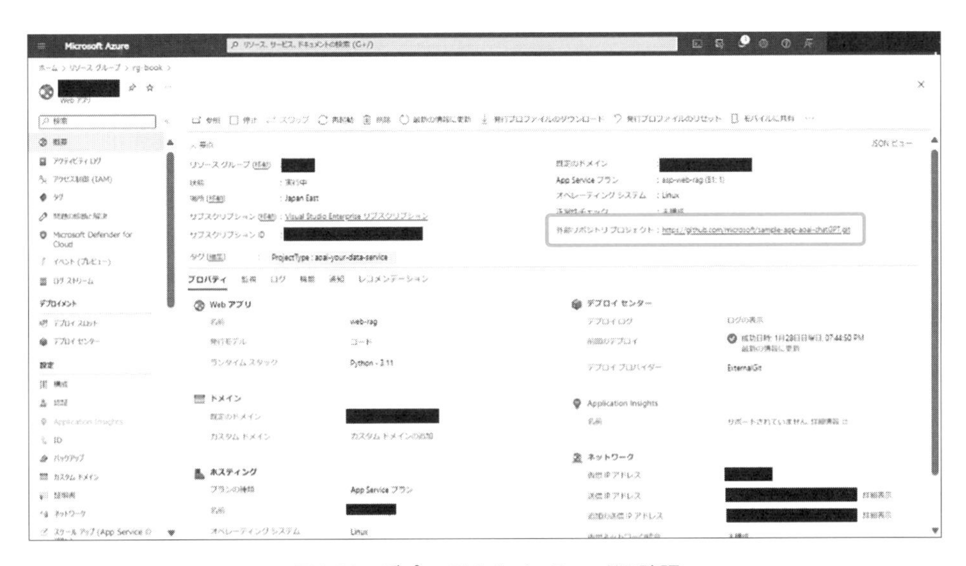

図8.20 デプロイされたソースコードの確認

デプロイされたWebアプリケーションを見てみましょう。このアプリケーションには、新規チャットボタン、クリアボタン、チャット履歴、Webアプリケーションの共有URLといった基本的なチャットインターフェースの機能が備わっています（図8.21）。さらに、回答内容には根拠となる情報がチャンクされたファイル単位で表示され、理解しやすくなっています。Bing上で利用されているCopilotのUI/UXに近いテンプレートが適用されているため、既にそれに慣れている方には親しみやすく、分かりやすいインターフェースとなっていると思います。

図8.21は、RAGが対象とする外部データとして、Microsoft Researchが出版したarXiv論文[21)][83]を用いて構築した例です。

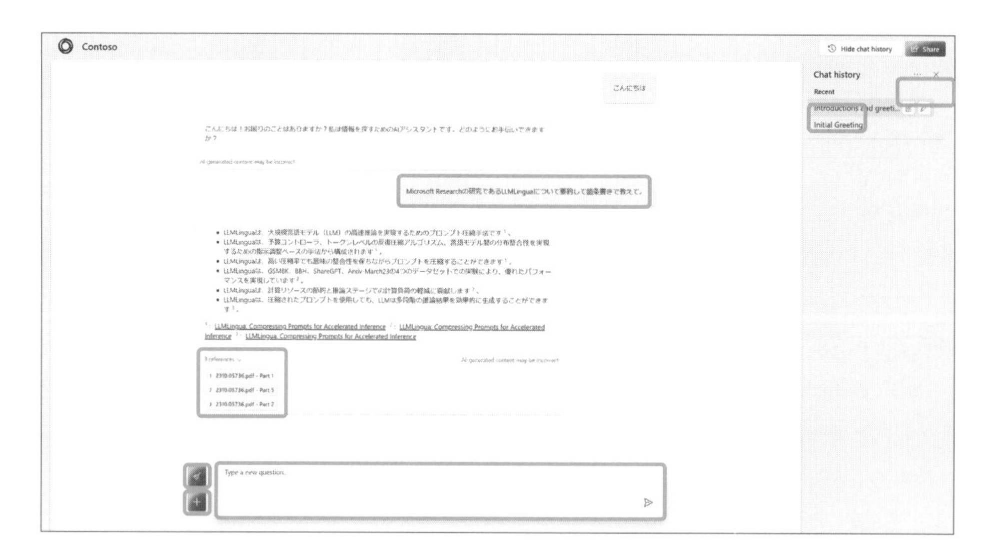

図8.21　"on your data"機能でデプロイされたRAGアプリケーション

8.5.2 手法や前処理を変更してRAG環境を検証したい方へ

前項では、Azure OpenAI Studio上からRAG on Azureを実装する方法を解説しました。しかし、以下の観点でさらに精度や検証を追求したいときには、コードベースでのカスタマイズが必要です。

21) "LLMLingua : Compressing Prompts for Accelerated Inference of Large Language Models"
`https://arxiv.org/abs/2310.05736`

●観点1：使用するLLMのモデルがAzure OpenAI Serviceで提供されているものに限られる

8.4節のRAGアーキテクチャでも述べましたが、Embeddingモデルの選定は最終的な応答結果に影響を与えます。特定のドメイン領域や日本語に特化したLLM[22)]、高性能のコンピュータでなくてもエッジ側で動作可能なLLM[23)]など、OpenAI社以外にも日々多くの研究機関が新しいLLMを公開しています。例えば、長年言語モデルについて研究してきたGoogle社も、2023年12月にマルチモーダル対応の大規模言語モデルGeminiを発表しています[24)]。

Azure AI StudioやAzure ML Studioで利用できるモデルカタログ機能では、Microsoft社、HuggingFace社、Meta社によってキュレーションされた最も一般的な大規模言語モデルやコンピュータビジョンモデルの一部にアクセスできます（図8.22）。さらに、これらの企業による他のモデルも、わずか数クリックでデプロイし、対応するエンドポイントを利用することが可能になっています[25)]。

図8.22　モデルカタログ機能

---

22) https://ja.stability.ai/blog/japanese-stable-vlm
https://www.aist.go.jp/aist_j/press_release/pr2023/pr20231219/pr20231219.html
23) https://ja.stability.ai/blog/stable-code-3b
24) https://deepmind.google/technologies/gemini
25) https://learn.microsoft.com/en-us/azure/machine-learning/concept-model-catalog
https://learn.microsoft.com/ja-jp/azure/ai-studio/how-to/model-catalog

●観点2：データソースでAzure AI Search以外を選択した場合にもインデックスが自動作成されるが、アナライザーは英語である

Azure AI Searchにおいて、英語のアナライザーを用いて日本語の文書にインデックスを作成すると、いくつかの重要なデメリットが生じます。英語のアナライザーは日本語の文書の特性に適しておらず、これにより検索の精度と効率に影響が出ます。

まず、英語のアナライザーは日本語のトークン化を適切に行えません。日本語には単語の区切りとなるスペースがないので、文書の意味を正確に捉えられなくなることがあります。そのため、検索クエリと文書のマッチング精度が低下し、関連性の高い文書を見逃す可能性が高まります。

さらに、英語のアナライザーは日本語の形態素解析を行うことができません。日本語の文書では、活用形や助詞などの言語的特徴を考慮することが重要ですが、これらを適切に処理できないので、検索結果の品質が低下します。また、英語のアナライザーを用いた場合、言語特有の機能が欠如してしまうので、日本語の文脈を考慮した検索が困難になります。これは、同じ意味を持つ異なる表現の文書が検索結果に現れないという問題を引き起こすことがあります。

1つの解決策として、Azure AI Search（旧Azure Cognitive Search）とAzure AI Document Intelligence（旧Form Recognizer）を連携させるという方法があります。対象の文書の言語を抽出して、言語アナライザーにその言語をセットすることで、Azure AI Search上に日本語のインデックスを作成できます。

▼Microsoft Learnのモジュール「Azure Cognitive Search用のAzure AI Document Intelligence カスタム スキルを構築する」

- https://learn.microsoft.com/ja-jp/training/modules/build-form-recognizer-custom-skill-for-azure-cognitive-search/

●観点3：生データに対する前処理の自由度

Azure OpenAI Serviceの"on your data"機能は、RAG環境を迅速に構築する上で大変有用ですが、この機能にはコードのカスタマイズが直接可能ではないという制限があります。特に、RAG検証における生データの前処理に関しては、この制限が大きな課題となり得ます。8.4節（RAGアーキテクチャ）でも述べましたが、検索エンジンやLLMの選定以前に、RAGが対象とするデータの設計が綺麗に行えているかが肝です。例えば、データのチャンキングは単に文章の行数などで区切るのではなく、段落ごとやチャンクの長さ、オーバーラップの長さをどのように設計するかなど、精度を高めるための検討とチューニング作業が必要です。また、PDF文書やMicrosoft Officeファイルなどの特定のフォーマットを扱う場合には、適切な加工やインデックス作成のために専用のライブラリが必要となることがあります。

このような背景から、RAGの検証や精度向上を目指す研究過程においては、データの前処理やチャンキング、インデックス作成の方法を自由にカスタマイズできる環境が求められます。このカスタマイズ可能な環境では、データの特性に合わせて文章構造を理解し、適切なライブラリを用い、適切な処理を行うことで、RAG内のLLMが不足なく解釈しやすい文章のチャンキングを作ることができます。

2023年1月には、LLMアプリケーションを開発する上で人気の高いLangChainの安定版v0.1.0がリリースされました。PythonとJavaScriptの両方で利用でき、機能面とドキュメンテーションが向上しました。15種類のテキストスプリッターがあり、HTMLやMarkdownなど特定のドキュメントタイプに最適化されたものがあります。今後の動向を追う上で、LangChainの公式ブログは要チェックです。

▼LangChain公式ブログ(リリースノートを含む)
- `https://blog.langchain.dev/langchain-v0-1-0/`

●カスタマイズ可能なRAG on Azure環境のクイック構築

前セクションでは、RAG環境をカスタマイズするための3つの主要な観点と部分的なアプローチ方法を取り上げました。こちらのセクションでは、課題に対する部分的なアプローチを実現するための基盤となる環境構築に焦点を当てます。具体的には、Microsoft社が公開している以下のGitHubリポジトリを活用する方法です。

▼カスタマイズ性が高いRAG on Azure環境をクイックに実現するためのリポジトリ
- `https://github.com/Azure-Samples/azure-search-openai-demo`

こちらのリポジトリでは、Azure上でのアプリケーション開発に関連する一連のタスクを簡素化し、自動化するためのツールである「Azure Developer CLI」を用いて、環境がセットアップされています。具体的には以下を実現してくれています。

- **プロジェクト初期化**：Azure Developer CLIを使用すると、プロジェクトを迅速に開始できるテンプレートを基にした形でのプロジェクトの初期化が可能です。これにより、様々なアプリケーションタイプやフレームワークに対応した基本的な構造を簡単にセットアップできます。
- **リソースのセットアップと管理**：Azure Developer CLIは、Azureのリソース（例えば、Webアプリケーション、データベース、ストレージなど）の作成、設定、管理をコマンドラインから実行できます。これにより、インフラストラクチャのセットアップが迅速かつ簡単に行えます。
- **アプリケーションのデプロイメント**：Azure Developer CLIを使って、アプリケーションのビルド、テスト、デプロイメントプロセスを容易に実行できます。CI/CD（継続的インテグレーション／デプロイメント）パイプラインの設定や管理も支援します。

- **環境の構成：** 開発、テスト、本番などといった異なる環境に対する構成を管理し、アプリケーションを適切な環境にデプロイできるようにします。
- **自動化と効率化：** 開発プロセス中に発生する一連の作業を自動化し、効率化するスクリプトやコマンドを提供します。これにより、開発プロセス全体の一貫性と速度が向上します。

▼**Azure Developer CLI（azd）に関する公式ドキュメント**

- https://learn.microsoft.com/ja-jp/azure/developer/azure-developer-cli/

そしてAzure Developer CLIでは、Azureのインフラストラクチャをコードとして定義し、管理するためのInfrastructure as Code（IaC）のドメイン固有言語（DSL）「Bicep」を用いて、RAG on Azure環境を定義しており、クイックに再現性高く使いまわすことを可能にしています。

また、コードにはTypeScriptやPythonが使われており、LLM関連ライブラリのバージョンアップが頻繁に行われるので、その他のパッケージとの依存関係と環境の再現性を担保する目的で、コンテナ技術が利用されていると思われます。具体的には、devcontainerが利用されています。こちらはVisual Studio Codeの拡張機能であり、Dockerコンテナ内に開発環境を構築することを可能にします。この技術を用いることで、開発環境のセットアップが簡略化され、開発者は環境設定に費やす時間を削減し、アプリケーションの開発により集中できます。

上記のツールを利用して迅速にRAG環境を構築できたとしても、最も重要なのは自身の目的に応じたカスタマイズ方法を理解することです。コードを直接読むことが最も効果的ですが、予想されるフロントエンドおよびバックエンドの変更点や回答品質の向上に関する詳細は、次に示すMarkdownファイルに記載されています。

▼**チャットアプリケーションのカスタマイズに関するドキュメント**

- https://github.com/Azure-Samples/azure-search-openai-demo/blob/main/docs/customization.md

フロントエンドに関してユーザ共通で予想される変更点には、ページタイトル、ヘッダーテキスト、ロゴ、質問例の変更が含まれます。バックエンドでは、システムプロンプトの変更、セマンティックランカーの無効化、ベクター検索の使用の永続化などが挙げられます。そのほかにもデータの前処理やEmbeddingモデルの変更等が考えられます。

回答品質の向上に関しては、OpenAI ChatCompletion やAzure AI Search の出力結果に対する改善方法が提案されています。RAGは8.4節で解説したとおり、一つ一つの工程で最終的な回答精度が左右されます。コードベースで追えるので、どのコードが何のための処理かを認識しておくことで、よりRACに関して理解が深まり、手法の検証を試みるための準備が整うと思います。さらに、プロンプトや設定を変更した際には、結果を厳密に評価し、改善が実現されているかどうかを確認する必要があります。その際、Microsoft社がGitHub上で公開している以下のツールを活用することで、効果的なフィードバックループを実行することが可能です。

▼RAGチャットアプリケーションを評価するためのツール
- https://github.com/Azure-Samples/ai-rag-chat-evaluator

RAGのパフォーマンスを向上させるための改善フィードバックループを効果的に回すために、以下に10の観点を示します[26)]。

1. 冗長的なデータ、矛盾、誤解を生む言葉の表現などに対するデータのクリーンアップ
2. インデックスの種類を知り、適したインデックスを利用する
3. チャンク化のアプローチの見直し
4. システムプロンプト、ユーザプロンプトの設計、言語
5. LlamaIndexのEntityExtractorなどを用いたメタデータの活用（日付、著者）
6. クエリのルーティング（複数のインデックスに対して適切にルーティングする）
7. Cohere Rerankerなどを用いた再ランク付け
8. LLMを用いたクエリの言い換え、クエリの分割
9. Embeddingモデルに対するfine-Tuning
10. LLM開発ツールを用いたデバッグや、ビジュアルインターフェースを用いた処理過程の可視化

最後に、Microsoft社の生成AI技術に関してさらに知識を深めたい方のために、役立つリンクを紹介します。以下に挙げるGithubリポジトリはすべてMicrosoft社が管理しており、初学者から玄人まで幅広い方を対象にした高品質なコンテンツが豊富に用意されています。コードベースで実践的に学習できるコンテンツも多いので、実際に手を動かしながら学ぶことで、より深い理解を得られると期待されます。

26) https://towardsdatascience.com/10-ways-to-improve-the-performance-of-retrieval-augmented-generation-systems-5fa2cee7cd5c

▼生成AIに関するMicrosoft公式のGitHubリポジトリ

- LLMを活用したビジネスユースに応じたAzureアーキテクチャのサンプルコードを紹介しているリポジトリ：
  https://github.com/Azure-Samples/jp-azureopenai-samples

- OpenAIとAOAIを使って生成AIを0から学びたい方のためのリポジトリ：
  https://github.com/microsoft/generative-ai-for-beginners/

- 常に最新のEnd2Endのソリューションのコードを学びたい方のためのリポジトリ：
  https://github.com/Azure-Samples/openai/

- GitHub Copilotを用いてペアプログラミングをしたい方のためのリポジトリ：
  https://github.com/microsoft/Mastering-GitHub-Copilot-for-Paired-Programming

8.5節では、Azure OpenAI Serviceを利用したRAG環境の迅速な構築方法を詳細に解説しました。特に、"on your data"機能の活用、コードベースでのRAGのカスタマイズに必要な観点やアプローチ、実践的な学習に役立つリソースの紹介に焦点をあてました。本書に掲載しているリンクは、RAG技術のさらなる探求に役立つ重要な参考文献やリソースを提供しています。読者の皆さんがさらなる深い知識の獲得と応用能力の向上を目指し、研究や実務においてRAG技術を効果的に活用するための基盤を築くお役に立てればと思います。

8.6 本章の最後に

第8章では、Microsoft社とOpenAI社の関係の発展を掘り下げ、LLMを取り入れたアプリケーションが提供する新しいユーザ体験、及びそのシステムの基礎理論と設計に際して考慮すべき要素について触れました。また、用途に応じた迅速なRAG環境の構築手法と、さらに理解を深めるためのエンジニアリング視点での参考資料も紹介しました。

システムにLLMを組み込む際の考慮事項や本番環境での運用ポイントについては、技術コミュニティで日々議論が交わされ、技術ブログで取り上げられ、イベントやセミナーでの知識共有が活発に行われています。本章を読んでこの分野の詳細や将来のトレンドに興味を持った方は、文中で紹介したリンクやキーワード、LLM導入に関する技術ブログなどを参照することをお勧めします。さらに、オフラインやオンラインで開催される技術イベントやコミュニティへの参加を通じて、同じ興味を持つ人々との意見交換も有意義で楽しい経験となるでしょう。

最後に、第8章をお読みいただき、心より感謝申し上げます。お忙しい中、時間を割いていただき、ありがとうございました。この章で共有した知見や参考文献が、皆様の新たな知識の探求に役立つことを願っています。少しでも皆様のさらなる学習のサポートとなれば幸いです。

第9章

ChatGPTの限界を越えて

ChatGPTは世界的に注目を浴びていますが、その一方で多くの限界も指摘されています。それらの要素は、信頼性と実用性を高めるために無視できません。本章ではその中でも特に、物理的な世界の経験および理解の欠落、リアルタイム情報の未反映、そして情報の頻繁な誤りについて説明し、今後そういった限界を乗り越えるためにはどのような試みが必要になるか考察します。また、ChatGPTと汎用人工知能（AGI）の関係についても考えてみます。

9.1 ChatGPTの限界

9.1.1 物理的世界の理解

ChatGPTは言語モデルであり、、言語は意思や現象を表すための記号、ないしは手段です。その意味でChatGPTの一つの宿命的な限界は、それが言語という本質的に抽象的な世界に縛られており、物理的な世界の経験を一切持っていないところです。自然な文章で物理的な現象を正しく説明したとしても、現実世界の経験が欠けている以上、その文章で記述された内容は本来の意味での「認識」に基づいた記述とは言えず、ただのそれっぽい言葉の並びに過ぎません。

例えば下記の会話のようにりんごは何色かを問うと、一見正しい回答が返ってきます。しかしChatGPTには、りんごがどのように見えるものかはもちろん、それぞれの色自体に関する視覚的経験は一切ありません。

プロンプト：**りんごは何色ですか？**

ChatGPT:

りんごは一般的には赤色ですが、品種や成熟度によって色合いが異なる場合もあります。赤い色合いが特徴的な品種が多いですが、他にも緑や黄色、オレンジ色のりんごも存在します。また、りんごの色は熟すにつれて変化することもあります。成熟していない未熟なりんごは緑色をしており、成熟するにつれて徐々に赤くなっていく傾向があります。したがって、りんごの色は品種と成熟度によって異なる場合があるため、一概に「赤色」とは言えません。

言語以外の情報の欠落はこのような抽象的レベルでの限界だけでなく、具体的な機能の側面でも大きな制約となります。

例えば、ユーザが画像を見せながらその画像について質問したり、議論したりはできません。画像のURLなどをプロンプトに入れると回答が出力される場合はありますが、実は画像を認識したわけではなく、URLを手掛かりにして画像に関する周辺情報のテキストを集め、回答に用いているだけです。

ChatGPTのような高性能の言語モデルをより広範囲のタスクで活用するためには、視覚情報のような言語以外の情報が必要不可欠となります。これらの課題を解決するために、大規模言語モデルを画像・音声・音楽などの情報とつなぐマルチモーダル事前学習モデルについて、次章で説明します。

9.1.2 リアルタイム情報の反映

プロンプト：今日の天気はどうでしたか？

ChatGPT:

申し訳ありませんが、私はオンライン上でリアルタイムの情報にアクセスすることはできません。私の知識は2021年9月までのものであり、天気予報の最新情報を提供することはできません。最新の天気情報を確認するには、信頼できる天気予報サイトやアプリを利用することをおすすめします。

ChatGPTは大量のデータで学習されているので、そのデータが作られた時点までについては様々な情報を学習し、生成するテキストに反映することができます。しかし、当然ながらデータが作られた後も情報は私たちの日常で毎日出来上がり、増えていきます。ChatGPTが学習データのみに依存してテキストを生成する以上、そういったリアルタイムの最新情報は反映できず、その分ChatGPTの実用性も大きく下がってしまいます。とはいえ、時間も費用も非常にかかるChatGPTの学習を頻繁にやり直すことは非現実的です。

こういった致命的な弱点を乗り越えるためにいくつかの試みが行われつつあります。OpenAIは2023年9月、Bingでリアルタイムなデータを探索し、情報源へのリンクを含めて回答に反映できる機能を公開しました。本書の執筆時点でこの機能は有料版ユーザや企業のみが使えるようになっていますが、先述したChatGPTの限界を部分的には解決しています。

9.1.3 事実の頻繁な誤り（ハルシネーション）

プロンプト：鈴木イチローと大谷翔平のどちらがもっとすごいですか？

ChatGPT:

鈴木イチローと大谷翔平は、それぞれの時代で非常に優れた野球選手として知られています。両者を比較することは困難ですが、以下は彼らの違いや強みについての一般的な見解です。

鈴木イチローは、非常に高い打率、安打数、出塁率、盗塁数、守備力などで知られている選手です。彼はメジャーリーグで10年以上にわたって活躍し、7度の首位打者と10度のゴールドグラブ賞を獲得しています。彼はまた、2001年にはアメリカンリーグMVPに選ばれ、メジャーリーグでの活躍が評価されています。

一方、大谷翔平は、打撃と投球の両方で非常に優れた能力を持っている選手です。彼は現在、メジャーリーグでプレーしており、2021年にはアメリカンリーグMVPを受賞しました。彼は、2018年には日本プロ野球で最高の投手と最高の打者に選ばれ、日本プロ野球史上初の快挙を達成しました。

鈴木イチローと大谷翔平は、異なるタイプの選手であり、両者の優れた点はそれぞれ異なります。鈴木イチローは高い打率と守備力を持ち、大谷翔平は打撃と投球の両方で優れた能力を持っています。したがって、彼らのどちらがよりすごいかは、その基準によって異なります。

一見問題のないように見える回答ですが、実は誤った内容がかなり含まれています。例えば、イチロー選手が7度の首位打者になったのはメジャーリーグではなく、日本国内で活動した時のことでした。また、大谷選手は、2018年には既にメジャーリーグで活躍していました。

このように、事実とは異なる内容を大規模言語モデルが事実のように回答する現象を「ハルシネーション（hallucination）」と呼びます。上記のイチロー選手や大谷選手に関する事実関係は検索をすれば誰でもすぐに分かる事柄ですし、データベースやグラフ構造を用いれば、コンピューターでも正確に情報を抽出できます。それにもかかわらず、ChatGPTがこのように事実関係で頻繁に誤ってしまうのは、データベースやグラフのように整理された決定論的（deterministic）な構造から情報を出すのではなく、ユーザからの質問、ないしは回答の中で現れている他のトークンと共起可能性が高いトークンを確率的（probabilistic）に選んでいるからです。すなわち、学習データの中でイチロー選手や大谷選手の話は彼らが活躍した年度や成績の話に頻繁につながるはずなので、それを組み合わせて事実に近いそれっぽい文章は作れますが、その正確さは保証されていません。

こうした事実の頻繁な誤りは、ChatGPTの最も決定的な問題点と言えます。膨大な量のデータ、計算量、費用をかけた大規模モデルが、誰でも検索ですぐわかるような情報を頻繁に間違ってしまうことは、ChatGPTのアプローチのどこかが根本的に間違っていることを示唆しています。

脳科学の分野では、人が発話するときの言語の生成はブローカ野（Broca's area）という領域が担当するのに対して、情報の記憶や整理などは海馬（Hippocampus）で行われることが知られています。ChatGPTなどもこれと同様ではないでしょうか。大規模言語モデルが自然なテキストの生成で非常に優れているとしても、体系的に情報をまとめ、また必要に応じて正確な情報を抽出するには、より快適なアプローチを大規模言語モデルのテキスト生成能力とは別に並列させる必要があるのかもしれません。

ある意味で、現段階の大規模言語モデルは初期段階の検索エンジンに似たような要素を持っています。初期の検索エンジンでは、単純にキーワードと一致するテキストが当該ページに入っているかどうか、そこだけを見て検索結果を出力していました。そのため、いくら関連性が高いページであっても、キーワードと正確にマッチしなければ出力結果に反映されないなど、性能面で様々な問題がありました。しかし、ページ間のリンクの頻度によって重要度や関連性を判断するページランク（pagerank）[43] 手法の導入によって、検索エンジンは飛躍的に実用性と信頼性が向上し、今の巨大なビジネスにまで至っています。

まだ初期と言える現段階の大規模言語モデルも、大量のデータのみに依存している側面が強いため、本節で見たような様々な問題が現れています。しかし、検索エンジンにおけるページランクのように、マルチモーダルモデルの発展、外部APIとの連携、またそういった技術による正確さや安全性の向上により、飛躍的な発展を遂げる可能性が高いと言えます。

9.2 外部APIを用いたChatGPTの改善

本節では、本章で見てきたChatGPTの限界を越えるための様々な試みについて説明します。リアルタイム情報の反映や画像の活用など、ChatGPTのみではできていないことを、外部のAPIやモデルを用いることで部分的に乗り越えることができます。その中にはアドホック(ad hoc)なアプローチもあり、根本的に問題が解決されているとは言いづらい側面もあります。それでも、現時点ではChatGPTの性能を補完し、さらに広い使い道で活用できる有用なツールであると考えられます。

9.2.1 Toolformer

Toolformer[57]は大規模言語モデルを外部のAPIと融合させるモデルであり、Meta社によって開発されました。Toolformerでは、大規模言語モデルが簡単なAPIを通じて、計算機、Q&Aシステム、自動翻訳機、カレンダなどを含む外部のツールを利用し、回答の正確さを向上させています。

このモデルは文脈内学習（ICL：In-Context Learning）と呼ばれる手法を用いて、特定文脈内のサンプルから学習をします。大まかに見ると、①APIへのコール（call）をサンプリングし、②それを実行して、③結果をフィルタリングする、という3段階の流れで構成されています。ただし、APIへのコールを提供するデータセットは少ないので、言語モデルを用いてプロンプトからAPIへのコールを生成します。7章で見たように、プロンプトで例を見せながら指示することによって、言語モデルが自らAPIコールを生成するように導くことができます。

以下は質疑APIへのコールを生成するためのプロンプトの例です。

```
Your task is to add calls to QA API to a piece of text. You can call
the API by writing "[QA(question)]" where question is the question
you want to ask. Here is an example:
(テキストに質疑APIへのコールを追加してください。[QA(質問)]の形式でAPIを呼ぶことができ、"
質問"に聞きたい質問が入ります。ここに例があります:)

Input: Pittsburgh is also known as the Steel City.
(入力:ピッツバーグは『鉄の都』としても知られています。)
Output: Pittsburgh is also known as [QA("What other name is
Pittsburgh known by?")] the Steel City.
(出力:ピッツバーグは[QA("ピッツバーグは他に何という名前で知られていますか?")]『鉄の都』と
しても知られています。)
```

APIコールの実行は他のニューラルネットワークを用いた推論、Pythonスクリプトの実行、検索システムなど、様々な形式で行われます。いずれの場合も、基本的にはコールC_iに対する回答のテキストシーケンスT_iを獲得することとなります。

生成したAPIコールを実行して回答が返ってきても、APIからの回答が必ずしも正しいとは限らないので、フィルタリングを行う必要が生じてきます。フィルタリングは正解トークンに対して損失関数を減らさないコールを除外することで行われます。具体的には、APIコールを実行しない場合や結果が得られなかった場合に対して、少なくとも閾値のt以上で損失関数を減らすAPIコールのみが保存されます。

このように言語モデルを用いてAPIコールを生成しフィルタリングすることで、人手によるアノテーションの必要性が大きく削減されるメリットがあります。図9.1は、ToolformerによるAPIコール付きデータセット作成の流れを示しています。

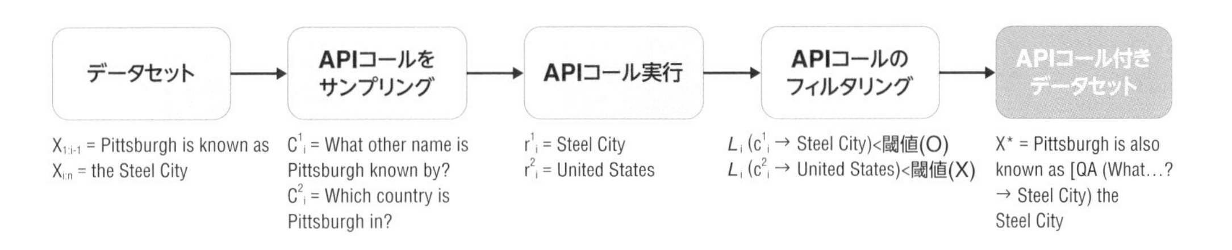

図9.1 ToolformerのAPIコール付きデータセット作成の流れ

9.2.2 Visual ChatGPT

Visual ChatGPT[72]は画像生成や編集を行う基盤モデル（foundation model）とChatGPTを連携して、画像の入出力を可能とするモデルです。画像生成基盤モデルについては10章で説明しますが、stable diffusionやDALL・Eなどのモデルが注目されています。画像生成モデルとの連携によって、ChatGPTに画像の生成をはじめ、色の修正や物体の切り取りなどの修正も指示できます。

Visual ChatGPTはトランスフォーマーのアーキテクチャに基づいており、画像の入力を埋め込みに変換し、それを入力テキストに連結して回答を出力します。ChatGPTの文章生成能力に画像の認識や生成能力が加わることによって、SNSや教育など様々な応用先が広がります。ただし、画像生成や編集結果の一貫性、推論時間などにはまだ改善の余地が指摘されています。図9.2はVisual ChatGPTの仕組みを表しています。

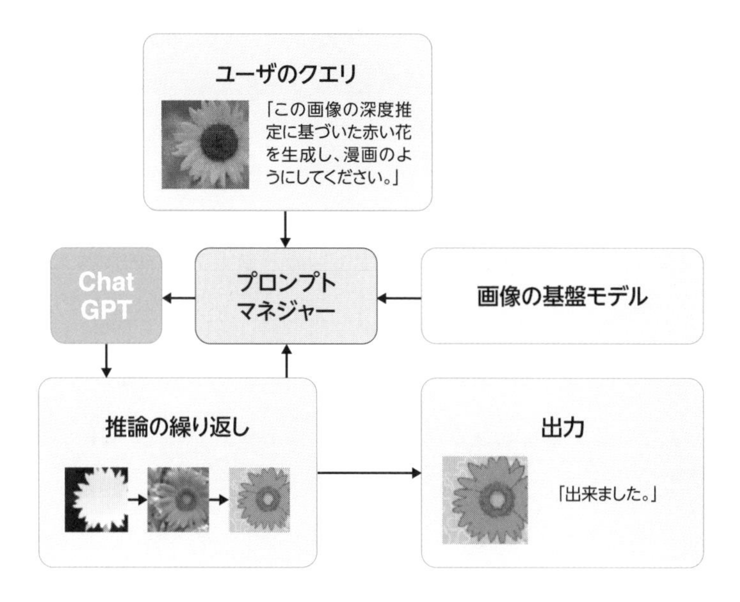

図9.2　Visual ChatGPTの仕組み

Visual ChatGPTは以下のように簡単に試してみることができます。PythonとAnaconda、Pytorchが設置されていることを前提としています。

```
# レポジトリをクローン
$ git clone https://github.com/microsoft/visual-chatgpt.git
cd visual-chatgpt

# 新しい環境を作って活性化
conda create -n visgpt python=3.8
conda activate visgpt

# 依存ライブラリをインストール
pip install -r requirement.txt

# モデルをダウンロード
bash download.sh

# OpenAIのアクセスキーを入力
export OPENAI_API_KEY={Your_Private_Openai_Key}
```

```
# 画像を保存するディレクトリを指定
mkdir ./image

# Visual ChatGPTを開始！
python visual_chatgpt.py
```

9.2.3 HuggingGPT

HuggingFaceは自然言語処理を中心にして、様々なモデルやデータセット、APIを提供するプラットフォームです。本書でもHuggingFaceからのモデルやデータセットを用いてコードの例を提供しています。HuggingGPT[59]はHuggingFaceの様々なモデルやAPIをChatGPTと連携して、性能を強化するモデルです。ChatGPTの言語生成能力を様々なエキスパートモデルやドメインに特化したモデルと連携してモデル間の協力を実現し、より広い範囲のAIタスクを、より高い性能で実行できるというメリットがあります。また、画像や音声に特化したモデルとの連携により、マルチモーダル入出力にも対応ができるようになります。

HuggingGPTはタスク計画（task planning）、モデル選択（model selection）、タスク実行（task execution）、回答生成（response generation）の4つのステップで構成されます。

まず、タスク計画段階では入力プロンプトを解析して、依存性の把握や実行シーケンスの設計を行い、効率的なタスクの計画を立てます。プロンプトの解析は、タスクのタイプ、ID、依存性、引数の4つの要素で行われます。

次のモデル選択では、様々なモデルとデータセットを集めたプラットフォームであるHuggingFaceのHubから、エキスパートモデルの説明を抽出し、文脈に応じてタスクに最も適切なモデルを選択します。最初はタスクのタイプによってフィルタリングをし、続いてモデルのダウンロード数によって上位k個のモデルを選択します。タスク実行は選択したモデルによる推論に該当します。モデルにタスクの引数が入力されると、計算を行い、その結果を言語モデルに返します。モデル間のコンフリクトがない場合は、複数のモデルを並列に実行することも可能です。最後の回答生成段階では、前の3つのステップからの結果を1つにまとめ、タスクやモデル、結果などを報告します。

9.2.4 TaskMatrix.AI

TaskMatrix.AI[34] は基盤モデルを用いて様々なモダリティの入力を理解し、適切なAPIを実行するコードを生成することで、デジタル世界のみならず、物理的な世界のタスクにまで対応することを目標としています。そのために、たくさんのエキスパートモデルを管理するAPIプラットフォームを構築し、また、新たなAPIを追加することで、その能力を拡張していくことができます。

TaskMatrix.AIは会話基盤のマルチモーダル基盤モデル（multimodal conversational foundation model)、APIプラットフォーム（APIplatform)、APIセレクター（API selector)、API実行部（API executor)の4つの要素で構成されます。

まず、基盤モデルは、モデルのパラメータとAPIプラットフォーム、ユーザの指示、会話の文脈を入力として受け取り、それらの入力に基づいて実行するコードを生成します。

APIプラットフォームは数百万個のAPIを保存・整理するドキュメンテーションスキーマ（documentation schema）を提供し、基盤モデルとの連携を行います。APIの開発者やオーナーはAPIプラットフォームに対し、APIを登録・更新・削除できます。ドキュメンテーション形式はAPIの名前、パラメータのリスト、APIの説明、使用例、そして構成や利用に関する開発者の指示で構成されます。

APIセレクターはユーザのコマンドに基づいて適切なAPIを選択するモジュールです。たくさんのAPIを、画像や数学などといったAPIのドメインによってパッケージに体系的にまとめることで、タスクに適切なAPIを速やかに選択できるようにします。

最後のAPI実行部は、簡単なHTTPリクエストから他のニューラルネットワークによる推論まで、様々なAPIを呼び出して生成されたコードを実行し、その結果を返します。TaskMatrix.AIはタスクをサブタスクに分割して、それぞれのサブタスクに適切なAPIを割り当てることで、他のモデルでは文字数上限などのために実現が難しい長文のコンテンツを生成できます。また、APIとの高い連携能力を活用して、PowerPointなどの事務資料の作業自動化にも活用できます。

9.2.5 DALL・E 3

2023年9月、OpenAI社はDALL・E 3[1)] を公開しました。DALL・E 3は10章で紹介するDALL・Eシリーズの最新版であり、テキスト入力から画像を生成するモデルです。OpenAI社はDALL・E 3が今後ChatGPTに導入されることも発表しています。本節で見たように、画像をChatGPTと連携することで可能となる様々なタスクが、いよいよChatGPT単独でもできるようになりそうです。

しかし、まだ詳細は発表されていないものの、DALL・E 3による画像生成の導入は本章で見たChatGPTの様々な限界のうち、その一部の解決に留まっており、リアルタイム情報の反映などの問題がまだ残っています。今後、ChatGPTをめぐる研究コミュニティがOpenAI社と共に、残っている課題をどのように解決していくか注目する必要があります。

1) https://openai.com/dall-e-3

9.3 ChatGPT生成文章の識別

テキストや画像を問わず、AIモデルの生成結果のクォリティは急激に高くなり、人が作ったものとの区別も難しくなりつつあります。それによって様々な社会的問題も生じてきていますが、その影響が最も著しい分野として教育があります。既にChatGPTの利用を全面的に禁止している学校も多く、大学や学術・研究機関などもChatGPTの利用に関する規制や対応策の構築に取り組んでいます。また、本節で紹介するように、AIが生成したテキストと人が書いたテキストを自動で識別するための研究も活発に行われています。

しかし、後述するようにその識別を完璧に行うことは不可能で、その性能もまだ信頼性が低いのが現状です。また、高性能の識別器が登場しても、それを迂回する生成技術がすぐに現れるといった繰り返しは、GANによる画像生成分野でも既に見られたパターンです。とはいえ、このような重要な問題への対応を、規制や倫理の領域のみに委ねることは望ましくないように思われます。その限界があることは認めつつ、技術的な対応策の探索と取り組みを並行して行くべきだと考えます。

OpenAI社は2023年1月、AIが生成したテキストと人が書いたテキストを識別する識別器の最新版を公開しました[2)]。英語のテキストに対して行われた評価では、AIが書いたテキストの約26%を正確にAI生成テキストとして識別し、一方、人が書いたテキストをAIが生成したと誤識別したのは9%だったとのことす。数値からも明らかですが、OpenAI社自身がまだ信頼性はあまり高くないことを強調しています。特にこの識別器の限界として下記のような特性を列挙しています。

- 1000文字未満の短いテキストでは信頼性が急激に下がる
- 人が書いたテキストを高い信頼度スコアで、AI生成テキストとして誤識別する場合がある
- 英語以外の言語ではさらに性能が低化する
- 数学の答えのように事実が定まっているテキストの識別は難しい
- 識別器を騙すようにAI生成テキストを直すことも可能である
- 学習データの分布から離れすぎるテキストでは性能が下がる

要するに、テキストの作成者を判別するための主なツールとしてこの識別器を使うことは、現時点では到底推奨できないようです。ほかにも、ChatGPTが書いた文章と人が書いた文章の識別に関して様々な研究が行われていますが[38、27、40]、いずれも限定的な性能に留まっています。

2) https://openai.com/blog/new-ai-classifier-for-indicating-ai-written-text

結局OpenAI社は、2023年8月に公開した教育者向けのChatGPT利用ガイド[3]において、ChatGPTが生成した文章を安定して識別することは大変困難であることを正式に認めました。2023年7月には米国政府と大手AI開発企業たちが、AIによる生成結果には、それがAIの生成物であることを表示しておくなど、対応策の検討に取り組むことを発表しました。しかし、ChatGPT及び大規模言語モデルが生成するテキストは画像などと異なり、その性質上、簡単に修正できるので、そういったウォーターマーク表示が機能しづらいという問題は依然として残っています。こうしたことから、教育による倫理意識の向上や、AIの創作物を巡る著作権等の法整備を含め、根本的な対応策が求められています。

しかし、AIによる創作の時代になり、それを教育や業務現場で徹底的に防ぐ対策がないのであれば、考え方を根本的に変えて、AIとのインタラクション自体、すなわちAIリテラシー（AI literacy）の向上を教育目標に据えようという提案も現れています。実際、OpenAIの上記利用ガイドでは、学生とChatGPTとのインタラクション上でのクリエイティブな思考や問題解決能力の分析や、学生同士にお互いのChatGPTとのインタラクションを共有させて、相互協力的な学習環境を作ることなどを提案しています。こうした抜本的な考え方の変革こそ、AIが私たちの日常生活にもたらす最も重大な変化なのかもしれません。

3) https://help.openai.com/en/collections/5929286-educator-faq

9.4 ChatGPTとAGI

OpenAIのエンジニアで、著名な深層学習研究者でもあるイリヤ・サスケバー（Ilya Sutskever）氏は2022年に自身のSNS上で、「大規模言語モデルはある程度の意識（consciousness）を持っているかもしれない」という大胆な意見を投稿し、話題になりました（図9.3）。また、Googleの元エンジニアBlake Lemoinie氏も、3章でも紹介したGoogleの大規模言語モデルLaMDAについて、「自覚を持っている（sentient）」と主張して注目されました。

このように、ChatGPTを含む大規模言語モデルがその高い文章生成能力で世界的に注目され始めてから、AIに対する認識やAIの位置付けが新たに問われています。意識の有無に関しては、深層学習のみならず生物学や脳科学、さらには哲学までも含む幅広く多層的な議論が必要となりますが、現時点ではAIが意識を持っているとの主張は科学的な根拠を持っておらず、それほどAIの文章生成能力が非常に高いレベルに至っていることの証であると思われます。そう考えて、意識のような巨大なテーマをさて置くと、本当に問われているのは、「ChatGPTを含む大規模言語モデルが、いわゆる汎用人工知能（AGI：artificial general intelligence）へと、いかに近づいているのか」なのかもしれません。

AIの進歩を測る有用な基準として長年用いられてきたのが、かの有名なチューリングテスト（Turing test）です。ブラインド状態で人間とAIを相手に会話をし、どちらがAIでどちらが人間なのかを推定するこのテストは、深層学習の登場以来、多くの種類の言語モデルによってクリアされてしまいました。チューリングテストがAIのマイルストーンとしての立ち位置を失った今になっては、AIの進歩を測ることのできる新たな基準が必要であると思われます。

心理学者で神経科学者のゲイリー・マーカス（Gary Marcus）氏は、AIがIKEA社の家具の部品とマニュアルを見ながらロボットを制御し、家具を正しく組み立てることを一つの基準として提案

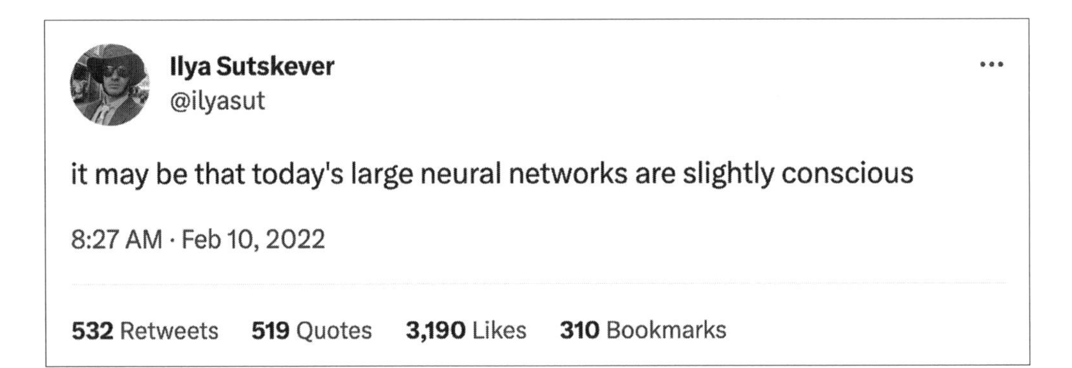

図9.3 OpenAIの研究者による大規模言語モデルの意識についての発言

しました。ロボットによる組み立ての方は2018年に達成されましたが、組み立て方の順番や部品の情報が事前に入力されていたので、マニュアルを認識・理解して組み立てるところまではまだ至っていません。

一方、Apple社の共同創業者であるスティーブ・ウォズニアック(Steve Wozniak)氏が提案したウォズニアックテスト(Wozniak test)は、機械が一般的な家庭で自らコーヒーを淹れるようになることを基準としています。一見簡単に思われるタスクですが、コーヒーとコーヒーメーカー、マグカップを探して、水を入れてボタンを押すなど、様々な動作を必要とし、この基準をクリアしたモデルはまだありません。

家具の組み立てもコーヒー淹れも、主に視覚情報と自然言語を認識し、それを実世界の理解に結びつけ、目的を達成するための計画を立て行動に移すことを共通して要求しています。しかし、AGIに問われるのは単に特定のタスクを達成できるかといった機能的な側面ではなく、「そもそも意識は何か？」という、より本質的・哲学的な質問かもしれません。

米国の著名な言語学者ノーム・チョムスキー(Noam Chomsky) MIT教授は、ニューヨーク・タイムズ紙に投稿したコラムで、「ChatGPTのようなAIモデルは人間の思考と理性を再現することはできない」と主張しました。幼児が少ないデータから自然に獲得できる文法をAIが学習するために大量のデータが必要になることなど、様々な理由を挙げていますが、最も決定的な理由として、「AIモデルは人間と違って、根本的に可能であることと不可能であることの区別ができない」という点を挙げています。

例えば、AIモデルは人間の言語に存在しない不自然な構造も同様に学習してしまい、そのメカニズムが人間の言語獲得とは根本的に異なるとの研究結果が報告されています[39]。その結果、起こったことの説明(description)や起こる予測(prediction)はできるものの、因果的な推論(causal explanation)はできないので、人間のように何かが不可能であることを判断できず、データとして与えられてさえいれば学習してしまうとのことです。コード作成の補助など、限られた一部のタスクでの有用性は認めつつも、結論としては「人間の能力に比べると限りなくつまらないモデルに莫大なお金と注目度が集まっているのは悲劇的である」とさえ発言しています。

2023年の8月にはオックスフォード大学やモントリオール大学などからAI研究者、神経科学者、心理学者たちが集まって、大規模言語モデルやモダリティに縛られないトランスフォーマー基盤モデルPerceiver[28]及び強化学習モデルなどを対象にして、「昨今のAIは意識を持っていると言えるか」を調べました[8]。意識の存在を断言するに足る絶対的な基準はまだないので、再帰的な情報を処理できるか、ノイズから知覚につながる表現を抽出できるかなど、意識が存在する可能性を示す神経科学の様々な理論や基準に基づいて調査しています。結論としては、「今のAIはまだ意識を持っているとは言えないが、今後、意識の有無を問う基準を満たすことに対して、技術的なハードル(technical barriers)は特にない」との主張をしています。もちろん、その基準を満たしたとして、それが直ちに意識の存在を示すことではないことも明示しています。

本節で見たように、「AIGとは何か？」、また、ChatGPTを筆頭に「昨今のAIはAGIにどこまで近づいているか？」については、前向きな見方から批判的な立場まで様々な角度から議論が続いています。いずれにせよ、さらなる研究と技術革新、そしてAGIに関する活発な議論が必要なのは勿論です。また、倫理的な側面や社会的な影響も考慮しながら、進化するAI技術を統制する方法を模索することも重要です。AGIに近づいていく未来のAIの進展には期待と懸念が入り交じりますが、透明性、責任性、それに継続的かつ倫理的な対話が、AI技術の発展をより建設的な方向へと導くことは間違いありません。

第10章

マルチモーダル大規模モデルの数々

前章で述べたように、ChatGPTの大規模言語モデルの決定的な限界の一つは、言語以外の形式では全く世界を経験していないことです。実世界の現象を自然言語で正しく説明できても、実際にその現象や感覚に接していない以上、それは本質的な理解とは言えず、表面的なものに過ぎません。
しかし、大規模言語モデルを視覚情報や聴覚情報などの他のモダリティと組み合わせるモデルが近来次々と現れています。このような大規模マルチモーダル事前学習モデルは、言語モデルの限界を越えて、人工知能の認識や能力の範囲を広げるために非常に重要な役割を負っています。本章では大規模マルチモーダルモデルの現時点における代表的なモデルを中心に、その中身や性能、限界などを説明します。

10.1 テキストによる画像生成

10.1.1 背景知識：拡散モデルとCLIP

大規模なデータで事前学習し、様々なタスクに向けたファインチューニングなどを通じて利用できるモデルを「基盤モデル（foundation model）」と呼びます。基盤モデルに明確に決まった基準はありませんが、一般に大量データによる事前学習と様々なタスクへの応用性があるモデルを指し、マルチモーダルに限らず大規模言語モデルも含まれます。

●拡散モデル

これまで基盤モデルの開発にはいくつもの研究が寄与してきましたが、特にマルチモーダルの基盤モデルによる生成タスクでは、拡散モデル（diffusion model）[21]が重要な役割を負っています。

従来の生成タスクで最も頻繁に用いられたモデルとして敵対的生成ネットワーク（GAN：Generative Adversarial Networks）[19]がありますが、学習時に最適化が非常に難しいという問題がありました。拡散モデルは学習の最適化を容易にしつつ、また生成結果の多様性の側面でも優れているといったメリットによって、生成モデルとして注目されるようになりました。

拡散モデルはデータ分布に段階的にノイズを加えることで、ガウス分布のようにサンプリングしやすい分布に変換し、また、段階的にノイズを除去していく逆変換によって画像を生成します（図10.1）。

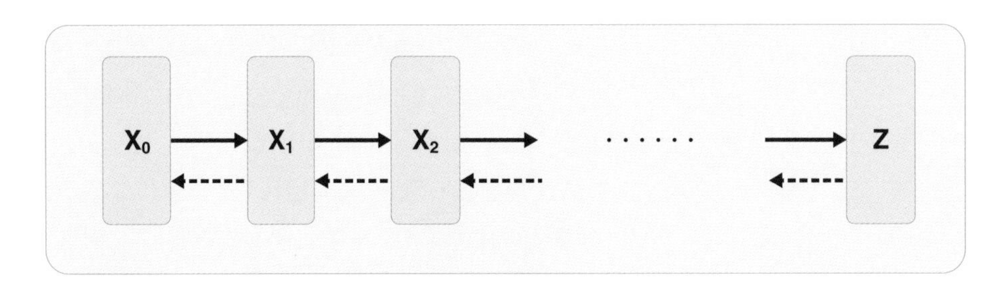

図10.1 拡散モデル

●CLIP

基盤モデルに頻繁に用いられるもう一つ重要なモデルとして、CLIP（Contrastive Language-Image Pre-training）[46]があります。CLIPは特にテキストと画像のマルチモーダル表現の画期的な手法として位置付けられ、大規模なマルチモーダルモデルにおいて様々な形で応用されています。

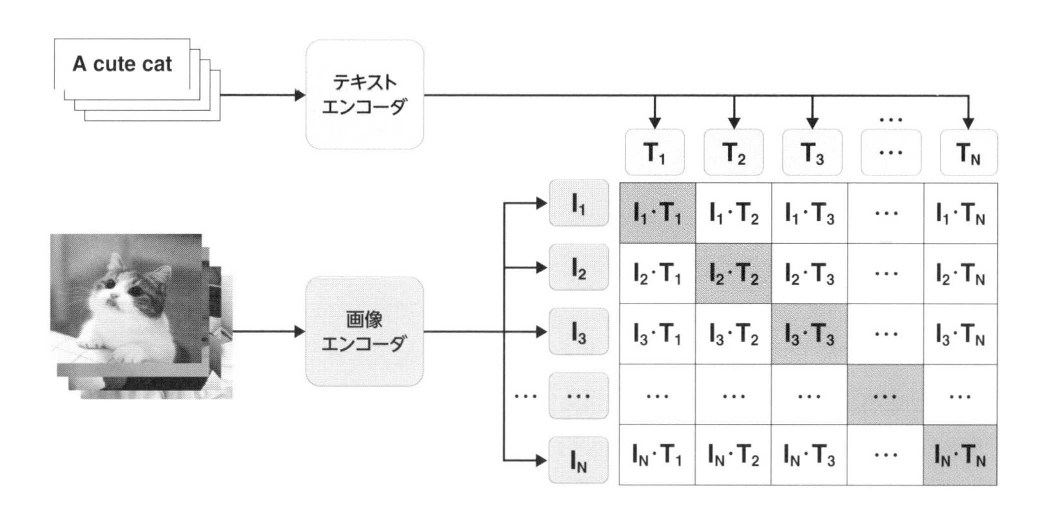

図10.2 CLIPの対照学習

CLIPは対照学習（contrastive learninga）と呼ばれる手法を通じ、画像とテキストとの共通空間を学習します。図10.2のようにN枚の画像と、それぞれの画像の内容を記述するN個のテキストがあるとします。ここでi番目の画像I_iと、その内容を記述するテキストT_iのペアは、お互いに内容がマッチされているポジティブサンプル（positive sample）と考えることができます。

一方、I_iと他のテキストT_j、$j \neq i$のペアは、ほとんどの場合その内容がマッチされないことが想定でき、(I_i,T_j)はネガティブサンプル（negative sample）と考えられます。全体的に見るとN個のポジティブサンプルとN2- N個のネガティブサンプルを持つことになります。

対照学習の目的は、ポジティブサンプルの画像とテキストについては、その特徴量の距離をなるべく近くしつつ、ネガティブサンプルの画像とテキストについては、その距離を最大化することとなります。

このような設定の学習によって、CLIPは画像とテキストがマッチしているか、ないしはテキストの内容に最も相応しい画像の検索、また逆に画像にふさわしいテキストの生成など、画像とテキストを扱う様々なタスクに適切な性質を持つようになります。

10.1.2 テキストからの画像生成モデル

●DALL・E

DALL・E[52]はChatGPTと同じく、OpenAIが開発したテキストからの画像生成モデルです。2021年に公開されましたが、その時点ではまだ拡散モデルは使われていません。まず、変分オートエンコーダ（VAE：Variational Auto-Encoder）を用いて、画像を画像トークンのグリッドに圧縮します。次に、テキストのトークンのシーケンスから次の画像トークンを自己回帰的(autoregressive)に、すなわち途中まで予測された画像トークンまでも参照しながら予測する学習を行います。推論時もデコーダでテキストのトークンのシーケンスから画像のトークンを自己回帰的に予測し、それをピクセル空間に戻すことで入力テキストを反映する画像が生成されます。ここで生成された画像の候補群から最も入力テキストに相応しい画像をランクするために、上記のCLIPが用いられます。

DALL・EではCLIPが生成画像のランキングのために限定的に用いられたのに対して、DALL・E 2[51]では、CLIPがより全面的に使われるようになります。まず入力テキスト自体がCLIPによる埋め込みに変換され、またそれに該当するCLIPの画像埋め込みが生成され、そのCLIPの画像埋め込みに基づいて拡散モデルが画像生成を行います(図10.3)。拡散モデルによって、DALL・Eの自己回帰的な生成よりも効率的で高いクォリティの画像が生成できることが報告されています。

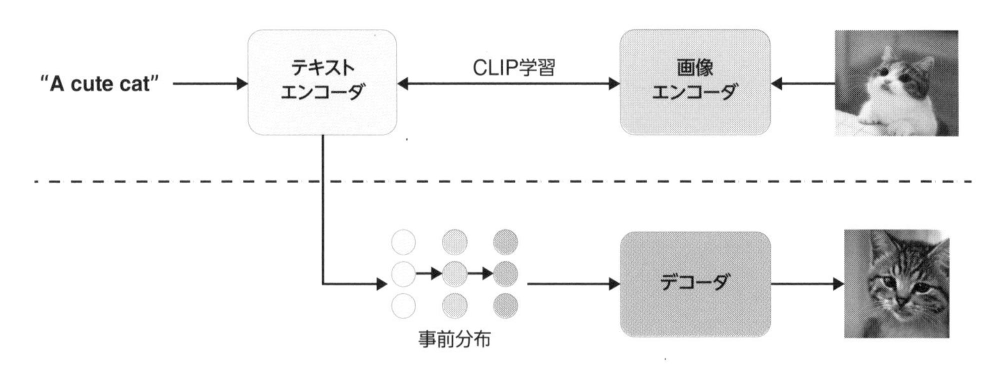

図10.3　DALL·E 2の仕組み

●Imagen

画像生成で生成される画像の解像度は、当然のことながら、なるべく高くなることが望まれます。しかし、テキストからいきなり高解像度の画像を生成することは、計算量からも、また、その生成結果からも非常に困難です。そのためImagenのようなモデルでは、複数の拡散モデルをカスケード(cascade)化し、最初の拡散モデルが生成した低い解像度の画像を、次の拡散モデルで徐々に超解像度(super-resolution)化していくようなアプローチをとっています(図10.4)。

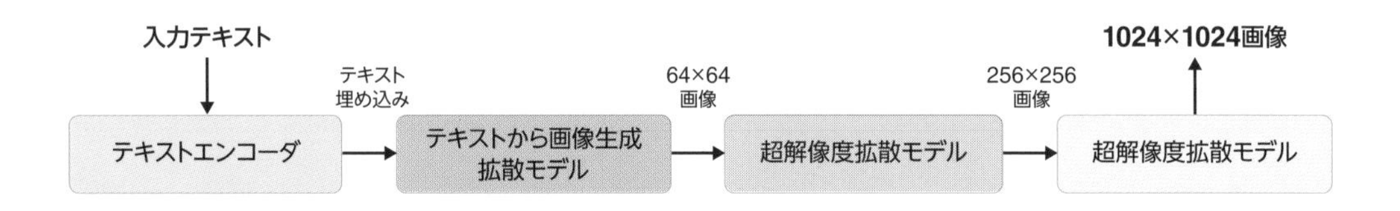

図10.4　Imagenの仕組み

●Stable Diffusion

DALL・E 2やImagenで見たように、拡散モデルはテキストからの画像生成を行う様々なモデルで欠かせない要素となっています。しかし、拡散モデルにも学習費用が非常に高く、また推論時間もGANなどに比べて遥かに長いというデメリットがあります。

Stable Diffusion[54]（図10.5）は生成クォリティを保ちつつ、より限られた計算量でも拡散モデルの学習を可能にするために、ピクセル空間ではなく潜在空間上の学習を行っています。潜在空間へのエンコーディングとダウンサンプリングを通じて、画像の視覚的要素を保ちながら計算量を減らす視覚的画像圧縮（perceptual image compression）が可能になります。視覚的画像圧縮ではデータの重要なセマンティックのみにフォーカスができ、低次元空間で効率的な学習を可能にします。

なお、Stable diffusionによるテキストからの画像生成はネット上で簡単に試すことができます[1)]。

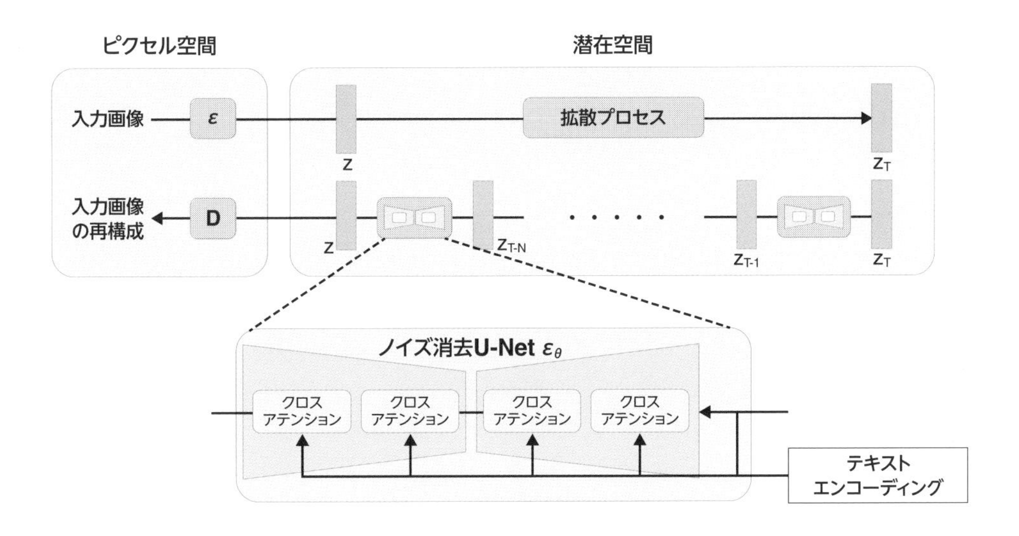

図10.5　stable diffusion

1）https//stablediffusionweb.com/

10.2 テキストによる動画生成

動画の生成は静止画の場合と比べて情報量が飛躍的に増えてしまうため、その難易度も飛躍的に高くなることが容易に想像できます。また、それぞれのフレームだけでなく、動画として動きが自然であるか、動画とテキストがアラインされたデータセットを入手できるか、データがあるとしても正解テキストが動画のどの区間の内容に該当するかなど、静止画にはなかった動画特有の新たなチャレンジが生じてきます。

10.2.1 テキストからの動画生成モデル

●Make-A-Video

動画とテキストがアラインされているデータを入手することは、画像とテキストの入手よりも遥かに難しいことが容易に想像できます。その点で、Make-A-Video [60] の最も重要な特徴は動画とテキストのペアを用意する必要がないところにあります。Make-A-Videoはテキストからの画像生成モデルであるDALL・E 2をベースにし、時空間軸の畳み込みとフレーム補間（frame interpolation）ネットワークを用いて動画を生成します。

まずDall-2ベースの画像生成モデルでは、テキスト入力からそれに該当するCLIPの画像埋め込みを生成し、それを64×64の低画質の画像にデコードします。

生成画像は後で超解像度ネットワークを用いることで、解像度を768×768まで上げることができます。U-net形式の拡散モデルによって時間軸上の修正が行われ、時空間軸のデコーダが16枚のフレームを生成すると、フレーム補間ネットワークによってフレームの間を埋める補間フレームが生成され、スムーズな動きの動画が生成されることになります。

●CogVideo

CogVideo [24] はVQVAEを用いて動画の各フレームを画像トークンに変換します。各学習サンプルは5フレーム分のトークンとなります。しかし、全ての動画に対して同じフレームレートを適用すると、動画の内容とテキスト間のミスマッチが起こりやすくなる問題があります。また、連続したフレームは一般的に非常に近い内容になるので、固定のフレームレートでは長期的な依存性を学習させづらくなる問題もあります。そのためCogVideoはテキストにフレームレートを示すトークンを挿入し、指定されたフレームレートでフレームをサンプリングすることで上記の問題に対応しています。さらに、回帰的にフレーム補間を行うことでスムーズな動画の生成を実現しています。

Make-A-VideoがDALL・E 2をベースにしていたのと同様に、CogVideoはCogView2というテキストからの画像生成モデルを用いて、CogView2の学習された重みを固定しつつ、CogView2の各トランスフォーマーレイヤに時空間アテンションチャンネルを加えて学習させる仕組みをとっています。Make-A-Videoと同様、このようなアプローチには、画像生成モデルで学習された空間のセマンティックに関する情報を活用できるというメリットがあります。

●Imagen Video

Imagen Video[20]（図10.6）は上記のモデルよりも、時空間上の超解像度を積極的に使っています。ベースとして、動画生成に続く合計7段階の空間超解像度及び時間超解像度（フレーム補間）によって、24fpsのフレームレートで解像度1280×768のフレームを128枚生成します。生成結果は5秒程度ですが、1億以上のピクセルを生成することになります。

このようなカスケードモデルは、拡散モデルになっている各超解像度モデルを独立的に学習できる利点があります。また、事前学習された画像生成モデルを用いた上記のモデルとは異なり、静止画を時間軸に伸ばすことで動かない動画とみなし、静止画と動画を同時に学習することが特徴です。

テキストエンコーダはT5の事前学習済みモデルを用いて重みを固定します。Imagen Videoは特に、従来の動画生成モデルでは実現困難だった動画内にテキストを表すことも可能なことから、一層注目されています。

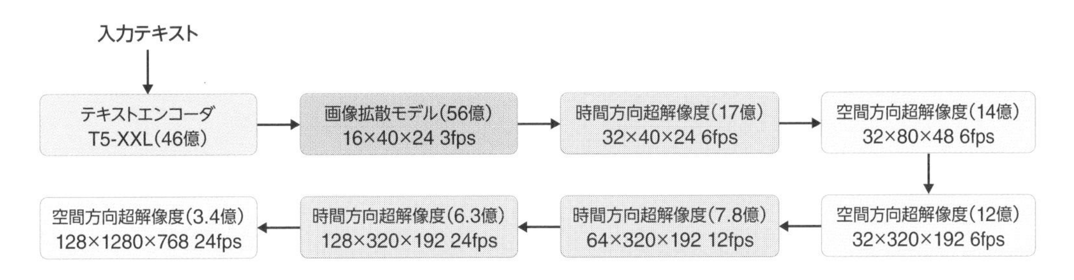

図10.6 Imagen videoの構造（図中それぞれの括弧内の数字はパラメタ数）

●Sora

2024年2月にOpenAIが公開したSora[2]は、1分間程度までの高品質な動画をテキストから生成しています。本書執筆時点では、まだ外部にサービスを公開していませんが、今後のChatGPTとの融合も期待されます。

2) https://openai.com/sora

10.3 テキストによる音声・音楽生成

10.3.1 テキストからの音声生成モデル

WaveNet[66]を始めとして、深層学習による音声生成の研究が活発に進んできましたが、最近では拡散モデルを用いたテキストからの音声生成モデルも現れるようになりました。ただし、テキストからの音声生成は他のモダリティとは異なるチャレンジングな要素を内在しています。

まず、画像では複数の物体の区別が容易にできますが、音声の場合そうはいきません。例えば、複数の人が喋っているとき個々の人の声を聞き分けることは、人間にとっても簡単ではありません。また、背景からのノイズや残響などもあります。動画の場合と同様に、テキストと音声がペアになっているデータが少ないという問題もあります。さらに、高いサンプリングレートや長い音声を処理するためは、かなりの計算量が必要になるという問題もあります。

●DiffSound

DiffSound[73]はテキストエンコーダとデコーダ、そしてボコーダーとVQVAEで構成されています。VQVAEが学習したコードブックによってテキストの特徴量がスペクトログラムに変換されると、ボコーダーがそれを波形に変換します。WaveNetなどの音声生成で頻繁に用いられる自己回帰的なデコーダでは、一つずつ生成して行く性質上、一方向によるバイアスや、また線形的に増えてしまう生成時間が問題となります。それに対しDiffSoundは拡散モデルに基づいた非自己回帰的なデコーダを用いて、全てのスペクトログラムトークンを予測し、それを数ステップに渡って改善していく仕組みにより、自己回帰的なデコーダの問題に対応しています。

●Make-an-audio

Make-an-audio[26]は学習済みの音声キャプション生成モデル、そして音声とテキストの間の相互抽出を行うモデルを用い、ラベルが付いてない音声に弱教師によるラベルを付けて、データ不足の問題に対応しています。CLIPと同様に、対照学習でテキストと音声の対応性を学習するCLAP[15]が用いられています。また、波形の代わりにスペクトログラムの自己学習による表現を予測するオートエンコーダを用いて、長い連続データの生成に伴う計算量の負担を軽減しています。

●AudioGen

AudioGen[31]は音声とテキストによるデータ不足の問題に、シンプルなデータ拡張手法で対応しています。二つの音声を合成して、それぞれに該当するテキストを連結させるというものです。

これはデータ量の補完以外にも、新しいコンセプトの学習データを増やしてくれるという点でも、生成モデルにとって有用です。

10.3.2　テキストからの音楽生成モデル

音声や環境音、効果音といった単なる音に留まらず、テキストから音楽を生成するモデルも現れています。テキストからの画像生成と同様に、ミュージシャンでなくても誰でも簡単に音楽を生成できるようになり、例えば動画などのコンテンツ制作で活発に用いられる可能性が高まっています。

●MusicLM

MusicLM[1]は音声生成モデルであるAudioLM[6]と、音声とテキストのジョイント埋め込みを対照学習で行うMuLAN[25]で構成されています。まずはMuLANによって、入力テキストに該当する音楽の埋め込みが行われます。AudioLMではそれが、音響的なトークンの生成と、セマンティックなトークンの生成を行う2つのトークナイザによって、トークンに変換されます。音楽生成段階では、それぞれのトークンが、長期的な構造の生成やその一貫性の担保（semantic modeling）、さらに音響的な詳細の生成(acoustic modeling)といった役割を負います。

●MusicGen

Meta社のMusicGen[12]のように、学習済みモデルやソースが公開されており、簡単に試せるモデルもあります。これは約2万時間の音楽で学習され、1つのトークナイザしか使っていないにもかかわらず、MusicLMを上回る性能を示しています。下記コードで簡単にテキストからの音楽生成を試してみることができます。

```
# ライブラリをインストール
!python3 -m pip install -U audiocraft

# ライブラリを読み込み
from audiocraft.models import musicgen
from audiocraft.utils.notebook import display_audio
import torch

# MusicGenの事前学習済みモデルをダウンロード
```

```
model = musicgen.MusicGen.get_pretrained('medium', device='cuda')
#生成する楽曲の長さを設定(最大12秒)
model.set_generation_params(duration=10)

# generate()の引数にテキストプロンプトを入力
songs = model.generate([
    'beautiful piano ballad',
    'bgm for action movie',
],
    progress=True)
display_audio(songs, sample_rate=32000)
```

第11章

今後の課題

本章では、大規模言語モデルの現状を振り返り、GPT-4とLlama2を中心に今後の大規模言語モデルの在り方を考えながら、本書籍をまとめます。

11.1 言語モデルの現状

大規模言語モデルのスケーリング則[30]については、学習データの量、モデルサイズ、そして計算量に比例し、冪(べき)法則に従って性能が高くなりつつあることが報告されています。この法則は大規模言語モデルにおいては単純に学習データ、モデルサイズ、計算量を増やすだけで、今後もさらなる性能の改善が期待できることを示唆しています。

しかし、このアプローチには計算コストが飛躍的に高まってしまうという問題があります。例えば、モデルサイズが大きくなればなるほど学習データや計算資源も増加し、運用や効率性の面で課題が生じる可能性があります。そのため、大規模言語モデルの反作用として、小さいモデルや少ないデータからも同等の性能を引き出すための試みも続けられています[29、55]。

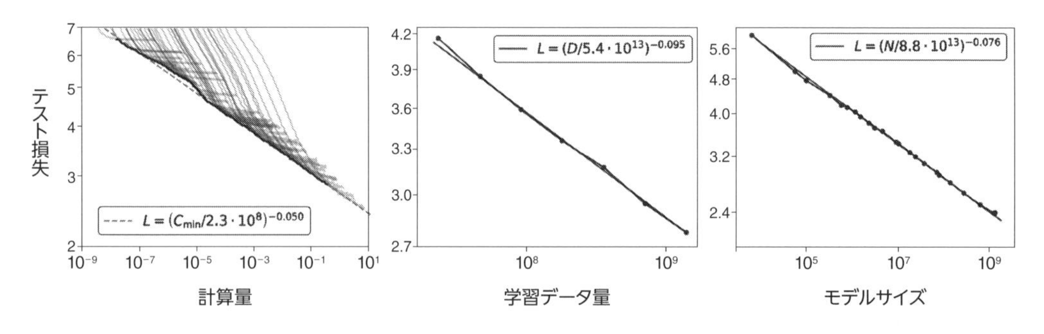

図11.1 大規模言語モデルのスケールによる性能の変化 b=8c

さらに、大規模なモデルを学習する際には過学習のリスクやラベル付けされたデータの不足などが懸念材料となります。モデルが訓練データに過度に適合し、未知のデータに対してうまく汎化できない可能性があるのです。また、モデルの複雑さが高まれば高まるほど、解釈性の消失やモデルのブラックボックス化が進行する可能性も考えられます。このような課題を克服するためには、計算資源とモデルのサイズを最適化するだけでなく、データの品質向上や軽量なモデルの設計、トレードオフの検討が重要です。モデルの大規模化と性能向上に伴う課題に対して、継続的な研究とバランスのとれたアプローチが求められます。

スケールアップに伴い予測されるもう一つの方向は、様々なモダリティとの結合です。10章では画像・動画・音声・音楽との結合を見ましたが、モダリティの拡張は必ずしも一つに限られるわけではありません。ImageBind[18]の場合はテキスト・画像・音声に加えて深さや熱、慣性計測装置(IMU)データまで、6つのモダリティをまとめるモデルを提示しています。Perceiver[28]のように、モダリティに縛られず入力に柔軟に対応できるアーキテクチャも現れ、単なるモダリティの追加とはまた異なる方向性を示しています。

ChatGPTが公開されてからも、様々な新しいモデルやアプリケーションが毎日のように現れています。9章で見たように、ChatGPTの限界を外部のAPIなどを用いて解決しようとする試みもあります。また、ChatGPTの限界をモデル自体の段階で乗り越えようとする新しい大規模モデルもたくさんあります。その中でも、上記のスケールアップとモダリティの拡張という観点から、現時点で最も注目されているのがGPT-4とLlama2です。

この2つのモデルを説明して、大規模言語モデルの今後の課題や方向性や考えることで、本書を締め括りたいと思います。

11.2 言語モデルの今後

11.2.1 GPT-4

GPT-4[41]は、その名前から分かるように、OpenAIがChatGPTに続いて発表したモデルです。画像とテキストを入力して受け取るという点で、ChatGPTとは性質が根本的に異なり、その応用先も遥かに広くなります。

例えばグラフやワークシートなどをアップロードして、その内容に関するプロンプトを入力することが可能になります。また、URLを与えるとWebページからテキストを抽出できるようになりました。本書の執筆時点では、ChatGPTと同様に2021年9月までの学習データのみを用いていますが、Webページの活用によって最新の情報も反映できるようになるわけです。

入力シーケンスの長さは8192まで増え、より長く文脈を保った会話ができるようになっています。GPT-4の正確なモデルサイズは公開されていませんが、パラメータ数が100兆程度にまで拡大しているとの推定もあり、GPT-3の1750億よりも遥かに大きくなっていることは確実です。モデルサイズと学習データ量のスケーリングに伴ってその性能も進展し、OpenAI社は「GPT3.5に比べて約10倍の改善を達成した」と言っています。事実性を検証するための内部テストでは、GPT3.5に比べて40%以上優れた結果になったことが報告されており、ChatGPTに現れたいわゆる幻覚現象ハルシネーションも減少しています。

一方、まだ事実性の側面で完全に信頼できるわけではなく、RLHFでファインチューニングされるまでは、ChatGPTとの性能の差がそれほど大きくなかったことも報告されています。また、GPT-4の全ての機能が利用可能なわけではなく、本書の執筆時点では、月20ドルの登録費がかかるChatGPT Plusを通じて、テキスト入力の機能のみが限定的に利用できます。

11.2.2 Llama2

Llama2[65]は、3章で紹介したMeta社のLLaMAの最新版モデルです。今後、ChatGPT及びbing chatやGoogleのBardと共に、大規模言語モデルの主導権を争うと思われます。

●さらなる大規模化と新手法の導入

LLaMAが最大130億のパラメータを持っていたのに対して、Llama2は最大700億パラメータのモデルサイズを提供しています。事前学習に用いられるコーパスの量は約40%増えて、対応可能なシーケンス長は2倍の4096になっています。とりわけ、学習時に用いられたトークン数は2

兆個に至り、以前のどのモデルも超えています。

大規模言語モデルで提案された新たな手法も多数採用しており、例えば、クエリのヘッドをグループに分けてそれぞれに固有のキーやバリューを与えるグループクエリアテンション(grouped-query attention)[2]や、会話の中の全ての発話をプロンプトに連結して文脈の反映を向上させるゴーストアテンション(ghost attention)などが新たに用いられています。

また、会話のためにファインチューニングされたLlama Chatや、コード生成のためにファインチューニングされたCode Llamaが公開され、大規模言語モデルをより実用的につなげていく試みを見せています。特に、指示によってファインチューニング(instruction tuning)されたLlama chatは、様々なベンチマークタスクにおいてChatGPTを有意に超える性能を示しています。

●安全性と有用性の両立

Llama2の最も注目すべき特徴の一つは、今までトレードオフと思われてきた安全性(safety)と有用性(helpfulness)を、共に高い水準で達成できることを示した点です。そのためにLlama2では、安全性と有用性に向けて2つの報酬モデルが用いられています。それぞれの報酬モデルは、文脈が付いたプロンプトと生成された回答を入力とし、評価項目に照らしたスコアを返します。

報酬モデルの学習のためには、RLHFで得られた人の好みのデータを用いています。RLHF時のアノテーターは、自ら作ったプロンプトに対して2つの生成回答が与えられ、1つを選びます。その結果、生成回答と人の好みのデータは「選ばれた」と「選ばれなかった」のバイナリラベルでまとまり、報酬モデルの学習をガイドします。また、RLHFではリジェクションサンプリング・ファインチューニング(rejection sampling fine-tuning)という新たな手法を用いています。これは、K件の生成回答をサンプリングして報酬スコアによってランキングし、そのランキングされた回答サンプルをまた新たな基準として用いることで、報酬の効果を強化しています。

Llama2は安全性には特に配慮しています。犯罪を起こすための具体的な方法など、有害な回答が出る可能性があるプロンプトに対しては、安全性の報酬モデルを優先した回答を出します。データセットの段階でも、ジェンダーや人種などのバイアスや有害な内容を排除し、教師あり学習では、「有害なプロンプト」に対する「安全な回答」のペアで学習することで、RLHFを行う前の段階にも既に一定水準以上の安全性が担保されるようにしています。

また、安全性文脈蒸留(safety context distillation)という機構も導入されました。例えば、「You are a safe and responsible assistant(安全性と責任感を持つアシスタントとして回答して)」といった指示をプロンプトの前に入れると安全性を強調した回答が得られますが、その回答を上記の指示を排除したプロンプトと共にファインチューニングすることで、より高い安全性を担保するものです。

こういった安全性の強化にもかかわらず、有用性の評価が一貫していることがLlama2の最も重要な貢献と言えます。

●さらなる利点の数々

Llama2が提示しているその他の重要なポイントをまとめると、まず教師ありデータが絶対的基準(gold standard)ではなくなったことが挙げられます。実際、教師ありデータはアノテーターの作文スキルに制限されるという側面もあり、RLHFを活用した様々なモデルは人からのフィードバックがより適切で重要なデータである可能性を示しています。

また、Llama2は時間的知覚の学習ができることも示しています。時間的知覚の欠落は、大規模言語モデルに指摘されていた事実の頻繁な間違いの原因の一つです。また、因果関係の理解なども必要になることから、重要な課題として認識されてきました。それがLlama2では、単純に次のトークンを予測する学習タスクだけでも、高い性能の時間的知覚能力を獲得できることが分かりました。

最後に、Llama2はモデルとソースが公開されているので、研究者に対してもビジネスに対してもより広範囲のアプリケーションにつなぎやすいという決定的なメリットがあります。ChatGPTやそれ以降のGPT系列のモデルの方針が今後どのように変わるかは分かりませんが、Llama2は今後、ChatGPTとは異なる展開を示して他の言語モデルにも大きな影響を及ぼす可能性があります。

11.3 結語

本書の1章で述べた話に戻ると、ChatGPTは単に素晴らしい機能を持つツールであるだけでなく、新しい時代の到来を示す一つのマイルストーンなのかもしれません。現時点の成果も十分注目すべきですが、それと同時に、ChatGPTを起点にして生じる様々な方向性への発展は、私たちの働き方や考え方をさらに変えていく可能性が非常に高いのです。

その重要なモデルの技術的な背景と使い方、そしてそれを巡る様々な観点を把握して身につけることは、新しい時代に向かう私たちにとって間違いなく非常に望ましいことでしょう。そのような重要な技術の理解と、今後の道筋の探索に本書が少しでも役立ったら、著者冥利に尽きます。

謝辞

本書が完成するまでには、多くの方々の温かい支援がありましたことを深く感謝しております。

まず、日本マイクロソフトにてシニアカスタマーエンジニアとしてAIプロジェクトを支援されている女部田啓太さんに、本書のレビューを賜りましたこと、心より感謝申し上げます。また、原稿からコードに至るまで、細部にわたりご確認いただいた谷合廣紀さんにも深く感謝しております。

そして、本書の企画を提案してくださったリックテレコム社の蒲生達佳さん、執筆の過程を常に見守ってくださったリックテレコム社の松本昭彦さんの編集者としてのご尽力に、心からの感謝を表します。

最後に、いつも私を支えてくれる家族へ、この場を借りて深く感謝の意を表します。
本書を手に取ってくださった皆様のご活躍を、執筆者全員でお祈りいたします。

著者一同

文献一覧

[1] Andrea Agostinelli, Timo I. Denk, Zalan Borsos, Jesse Engel, Mauro Verzetti, Antoine Caillon, Qingqing Huang, Aren Jansen, Adam Roberts, Marco Tagliasacchi, Matthew Sharifi, Neil Zeghidour, and C. Frank. Musiclm:Generating music from text. ArXiv, abs/2301.11325, 2023.

[2] Joshua Ainslie, James Lee-Thorp, Michiel de Jong, Yury Zemlyanskiy, Federico Lebr'on, and Sumit K. Sanghai. Gqa: Training generalized multi-query transformer models from multi-head checkpoints. ArXiv, abs/2305.13245, 2023.

[3] Jimmy Ba, Jamie Ryan Kiros, and Geoffrey E. Hinton. Layer normalization. ArXiv, abs/1607.06450, 2016.

[4] Satanjeev Banerjee and Alon Lavie. Meteor:An automatic metric for mt evaluation with improved correlation with human judgments. In IEEvaluation@ACL, 2005.

[5] Paul Barham Aakanksha Chowdhery, Jeffrey Dean, Sanjay Ghemawat, Steven Hand, Daniel Hurt, Michael Isard, Hyeontaek Lim, Ruoming Pang, Suclip Roy, Brennan Saeta, Parker Schuh, Ryan Sepassi, Laurent El Shafey, Chandramohan A. Thekkath, and Yonghui Wu. Pathways: Asynchronous distributed dataflow for ml. ArXiv, abs/2203.12533, 2022.

[6] Zalan Borsos, Raphael Marinier, Damien Vincent, Eugene Kharitonov, Olivier Pietquin, Matthew Sharifi, Dominik Roblek, Olivier Teboul, David Grangier, Marco Tagliasacchi, and Neil Zeghiclour. Audiolm: A language modeling approach to audio generation. IEEE/ACM Transactions on Audio, Speech, and Language Processing, 31:2523-2533, 2022.

[7] Tom B. Brown, Benjamin Mann, Nick Ryder, Melanie Subbiah, Jared Kaplan, Prafulla Dhariwal, Arvind Neelakantan, Pranav Shyam, Girish Sastry, Amanda Askell, Sandhini Agarwal, Ariel Herbert-Voss, Gretchen Krueger, T. J. Henighan, Rewon Child, Aditya Ramesh, Daniel M. Ziegler, Jeff Wu, Clemens Winter, Christopher Hesse, Mark Chen, Eric Sigler, Mateusz Litwin, Scott Gray, Benjamin Chess, Jack Clark, Christopher Berner, Sam McCandlish, Alec Radford, Ilya Sutskever, and Dario Amodei. Language models are few-shot learners. ArXiv, abs/2005.14165, 2020.

[8] Patrick Butlin, Robert Long, Eric Elmoznino, Yoshua Bengio, Jonathan C. P. Birch, Axel Constant, George Deane, Stephen M. Fleming, Chris D. Frith, Xuanxiu Ji, Ryota Kanai, Colin Klein, Grace W. Lindsay, Matthias Michel, Liad Mudrik, Megan A. K. Pe ters, Eric Schwitzgebel, Jonathan Simon, and Rufin VanRullen. Consciousness in artificial intelligence:Insights from the science of consciousness. ArXiv, abs/2308.08708, 2023.

[9] Kyunghyun Cho, Bart van Merrienboer, Dzmitry Bahdanau, and Yoshua Bengio. On the properties of neural machine translation: Encoder-decoder approaches. In SSST@EMNLP, 2014.

[10] Aakanksha Chowdhery, Sharan Narang, Jacob Devlin, Maarten Bosma, Gaurav Mishra, Adam Roberts, Paul Barham, Hyung Won Chung, Charles Sutton, Sebastian Gehrmann, Parker Schuh, Kensen Shi, Sasha Tsvyashchenko, Joshua Maynez, Abhishek Rao, Parker Barnes, Yi Tay, Noam M. Shazeer, Vinodkumar Prabhakaran, Emily Reif, Nan Du, Benton C. Hutchinson, Reiner Pope, James Bradbury, Jacob Austin, Michael Isard, Guy GurAri, Pengcheng Yin, Toju Duke, Anselm Levskaya, Sanjay Ghemawat, Sunipa Dev, Henryk Michalewski, Xavier Garcia, Vedant Misra, Kevin Robinson, Liam Fedus, Denny Zhou, Daphne Ippolito, David Luan, Hyeontaek Lim, Barret Zoph, Alexander Spiridonov, Ryan Sepassi, David Dohan, Shivani Agrawal, Mark Omernick, Andrew M. Dai, Thanumalayan Sankaranarayana Pillai, Marie Pellat, Aitor Lewkowycz, Erica Moreira, Rewon Child, Oleksandr Polozov, Katherine Lee, Zongwei

Zhou, Xuezhi Wang, Brennan Saeta, Mark Diaz, Orhan Firat, Michele Catasta, Jason Wei, Kathleen S. Meier-Hellstern, Douglas Eck, Jeff Dean, Slav Petrov, and Noah Fiedel. Palm: Scaling language modeling with pathways. ArXiv, abs/2204.02311, 2022.

[11] Alexis Conneau, Kartikay Khandelwal, Naman Goyal, Vishrav Chaudhary, Guillaume Wenzek, Francisco Guzman, Edouard Grave, Myle Ott, Luke Zettlemoyer, and Veselin Stoyanov. Unsupervised cross-lingual representation learning at scale. In Annual Meeting of the Association for Computational Linguistics, 2019.

[12] Jade Copet, Felix Kreuk, Itai Gat, Tal Remez, David Kant, Gabriel Synnaeve, Yossi Adi, and Alexandre D'efossez. Simple and controllable music generation. ArXiv, abs/2306.05284, 2023.

[13] Jacob Devlin, Ming-Wei Chang, Kenton Lee, and Kristina Toutanova. Bert:Pre-training of deep bidirectional transformers for language understanding. ArXiv, abs/1810.04805, 2019.

[14] Alexey Dosovitskiy, Lucas Beyer, Alexander Kolesnikov, Dirk Weissenborn, Xiaohua Zhai, Thomas Unterthiner, Mostafa Dehghani, Matthias Minderer, Georg Heigold, Sylvain Gelly, Jakob Uszkoreit, and Neil Houlsby. An image is worth 16x16 words: Transformers for image recognition at scale. ArXiv, abs/2010.11929, 2020.

[15] Benjamin Elizalde, Soham Deshmukh, Mahmoud Al Ismail, and Huaming Wang. Clap: Learning audio concepts from natural language supervision. ArXiv, abs/2206.04769, 2022.

[16] Jeffrey L. Elman. Finding structure in time. Cognitive Science, 14:179-211, 1990.

[17] Daniel De Freitas, Minh-Thang Luong, David R. So, Jamie Hall, Noah Fiedel, Romal Thoppilan, Zi Yang, Apoorv Kulshreshtha, Gaurav Nemade, Yifeng Lu, and Quoc V. Le. Towards a human-like open-domain chatbot. ArXiv, abs/2001.09977, 2020.

[18] Rohit Girdhar, Alaaeldin El-Nouby, Zhuang Liu, Mannat Singh, Kalyan Vasudev Alwala, Armand Joulin, and Ishan Misra. Image-bind one embedding space to bind them all. 2023 IEEE/CVF Conference on Computer Vision and Pattern Recognition (CVPR), pages 15180-15190, 2023.

[19] Ian J. Goodfellow, Jean Pouget-Abadie, Mehdi Mirza, Bing Xu, David Warde-Farley, Sherjil Ozair, Aaron C. Courville, and Yoshua Bengio. Generative adversarial nets. In NIPS, 2014.

[20] Jonathan Ho, William Chan, Chitwan Saharia, Jay Whang, Ruiqi Gao, Alexey A. Gritsenko, Diederik P. Kingma, Ben Poole, Mohammad Norouzi, David J. Fleet, and Tim Salimans. Imagen video: High definition video generation with diffusion models. ArXiv, abs/2210.02303, 2022.

[21] Jonathan Ho, Ajay Jain, and P. Abbeel. Denoising diffusion probabilistic models. ArXiv, abs/2006.11239, 2020.

[22] Sepp Hochreiter and Jurgen Schmidhuber. Long short-term memory. Neural Computation, 9:1735-1780, 1997.

[23] Jordan Hoffmann, Sebastian Borgeaud, Arthur Mensch, Elena Buchatskaya, Trevor Cai, Eliza Rutherford, Diego de Las Casas, Lisa Anne Hendricks, Johannes Welbl, Aidan Clark, Tom Hennigan, Eric Noland, Katie Millican, George van den Driessche, Bogdan Damoc, Aurelia Guy, Simon Osinclero, Karen Simonyan, Erich Elsen, Jack W. Rae, Oriol Vinyals, and L. Sifre. Training computeoptimal large language models. ArXiv, abs/2203.15556, 2022.

[24] Wenyi Hong, Ming Ding, Wendi Zheng, Xinghan Liu, and Jie Tang. Cogvideo:Large-scale pretraining for text-to-video generation via transformers. ArXiv, abs/2205.15868, 2022.

[25] Qingqing Huang, Aren Jansen, Joonseok Lee, Ravi Ganti, Judith Yue Li, and Daniel P. W. Ellis. Mulan:A joint embedding of music audio and natural language. In International Society for Music Information Retrieval Conference, 2022.

[26] Rongjie Huang,Jia-Bin Huang, Dongchao Yang,Yi Ren, LupingLiu, Mingze Li, Zhenhui Ye, Jinglin Liu, Xiaoyue Yin, and Zhou Zhao. Make-an-audio:Text-to-audio generation with prompt-enhanced diffusion models. ArXiv, abs/2301.12661, 2023.
[27] Niful Islam, Debopom Sutradhar, Humaira Noor, Jarin Tasnim Raya, Monowara Tabassum Maisha, and Dewan Md. Farid. Distinguishing human generated text from chatgpt generated text using machine learning. ArXiv, abs/2306.01761, 2023.
[28] Andrew Jaegle, Felix Gimeno, Andrew Brock, Andrew Zisserman, Oriol Vinyals, and Joao Carreira. Perceiver: General perception with iterative attention. In International Conference on Machine Learning,2021.
[29] Xiaoqi Jiao, Yichun Yin, Lifeng Shang, Xin Jiang, Xiao Chen, Linlin Li, Fang Wang, and Qun Liu. Tinybert: Distilling bert for natural language understanding. In Findings, 2019.
[30] Jared Kaplan, Sam Mccandlish, T. J. Henighan, Tom B. Brown, Benjamin Chess, Rewon Child, Scott Gray, Alec Radford, Jeff Wu, and Dario Amodei. Scaling laws for neural language models. ArXiv, abs/2001.08361, 2020.
[31] Felix Kreuk, Gabriel Synnaeve, Adam Polyak, Uriel Singer, Alexandre D'efossez, Jade Copet, Devi Parikh, Yaniv Taigman, and Yossi Adi. Audiogen:Textually guided audio generation. ArXiv, abs/2209.15352, 2022.
[32] Taku Kudo and John Richardson. Sentencepiece:A simple and language independent subword tokenizer and detokenizer for neural text processing. ArXiv, abs/1808.06226, 2018.
[33] Nathan Lambert, Louis Castricato, Leandro von Werra, and Alex Havrilla. Illustrating reinforcement learning from human feedback (rlhf). Hugging Face Blog, 2022. https://huggingface.co/blog/rlhf.
[34] Yaobo Liang,Chenfei Wu, Ting Song,Wenshan Wu, Yan Xia, Yu Liu, Yangyiwen Ou, Shuai Lu, Lei Ji, Shaoguang Mao, Yun Wang, Linjun Shou, Ming Gong, and Nan Duan. Taskmatrix. ai: Completing tasks by connecting foundation models with millions of apis. ArXiv, abs/2303.16434, 2023.
[35] Chin-Yew Lin. Rouge:A package for automatic evaluation of summaries. In Annual Meeting of the Association for Computational Linguistics, 2004.
[36] Yinhan Liu, Myle Ott, Naman Goyal, Jingfei Du, Mandar Joshi, Danqi Chen, Omer Levy, Mike Lewis, Luke Zettlemoyer, and Veselin Stoyanov. Roberta:A robustly optimized bert pretraining approach. ArXiv, abs/1907.11692, 2019.
[37] Ilya Loshchilov and Frank Hutter. Decoupled weight decay regularization. In International Conference on Learning Representations, 2017.
[38] Lorenz Mindner, Tim Schlippe, and Kristina Schaaff. Classification of human-and ai-generated texts: Investigating features for chatgpt. ArXiv, abs/2308.05341, 2023.
[39] Jeff Mitchell and Jeffrey S. Bowers. Priorless recurrent networks learn curiously. In International Conference on Computational Linguistics, 2020.
[40] Sandra Mitrovi'c, Davide Andreoletti, and Omran Ayoub. Chatgpt or human? detect and explain. explaining decisions of machine learning model for detecting short chatgpt-generated text. ArXiv, abs/2301.13852, 2023.
[41] OpenAI. Gpt-4 technical report. ArXiv, abs/2303.08774, 2023.
[42] Long Ouyang, Jeff Wu, Xu Jiang, Diogo Almeida, Carroll L. Wainwright, Pamela Mishkin, Chong Zhang, Sandhini Agarwal, Katarina Slama, Alex Ray, John Schulman, Jacob Hilton,

Fraser Kelton, Luke E. Miller, Maddie Simens, Amanda Askell, Peter Welinder, Paul Francis Christiano, Jan Leike, and Ryan J. Lowe. Training language models to follow instructions with human feedback. ArXiv, abs/2203.02155, 2022.

[43] Lawrence Page, Sergey Brin, Rajeev Motwani, and TerryWinograd. The pagerank citation ranking:Bringing order to the web. In The Web Conference,1999.

[44] Kishore Papineni, Salim Roukos, Todd Ward, and Wei-Jing Zhu. Bleu:a method for automatic evaluation of machine translation. In Annual Meeting of the Association for Computational Linguistics, 2002.

[45] Adam Paszke, Sam Gross, Francisco Massa, Adam Lerer, James Bradbury, Gregory Chanan, Trevor Killeen, Zeming Lin, Natalia Gimelshein, Luca Antiga, Alban Desmaison, Andreas Kopf, Edward Yang, Zach DeVito, Martin Raison, Alykhan Tejani, Sasank Chilamkurthy, Benoit Steiner, Lu Fang, Junjie Bai, and Soumith Chintala. Pytorch: An imperative style, high-performance deep learning library. In Neural Information Processing Systems, 2019.

[46] Alec Radford, Jong Wook Kim, Chris Hallacy, Aditya Ramesh, Gabriel Goh, Sandhini Agarwal, Girish Sastry, Amanda Askell, Pamela Mishkin, Jack Clark, Gretchen Krueger, and Ilya Sutskever. Learning transferable visual models from natural language supervision. In International Conference on Machine Learning, 2021.

[47] Alec Radford and Karthik Narasimhan. Improving language understanding by generative pre-training. 2018.

[48] Alec Radford, Jeff Wu, Rewon Child, David Luan, Dario Amodei, and Ilya Sutskever. Language models are unsupervised multitask learners. 2019.

[49] Jack W. Rae, Sebastian Borgeaud, Trevor Cai, Katie Millican, Jordan Hoffmann, Francis Song, John Aslanides, Sarah Henderson, Roman Ring, Susannah Young, Eliza Rutherford, Tom Hennigan, Jacob Menick, Albin Cassirer, Richard Powell, George van den Driessche, Lisa Anne Hendricks, Maribeth Rauh, Po-Sen Huang, Amelia Glaese, Johannes Welbl, Sumanth Dathathri, Saffron Huang, Jonathan Uesato, John F. J. Mellor, Irina Higgins, Antonia Creswell, Nathan McAleese, Amy Wu, Erich Elsen, Siddhant M. Jayakumar, Elena Buchatskaya, David Budden, Esme Sutherland, Karen Simonyan, Michela Paganini, L. Sifre, Lena Martens, Xiang Lorraine Li, Adhiguna Kuncoro, Aida Nematzadeh, Elena Gri-bovskaya, Domenic Donato, Angeliki Lazaridou, Arthur Mensch, Jean-Baptiste Lespiau, Maria Tsimpoukelli, N. K. Grigorev, Doug Fritz, Thibault Sottiaux, Mantas Pajarskas, Tobias Pohlen, Zhitao Gong, Daniel Toyama, Cyprien de Masson d'Autume, Yujia Li, Tayfun Terzi, Vladimir Mikulik, Igor Babuschkin, Aidan Clark, Diego de Las Casas, Aurelia Guy, Chris Jones, James Bradbury, Matthew G. Johnson, Blake A. Hechtman, Laura Weidinger, Iason Gabriel, William S. Isaac, Edward Lockhart, Simon Osinclero, Laura Rimell, Chris Dyer, Oriol Vinyals, Kareem W. Ayoub, Jeff Stanway, L. L. Bennett, Demis Hassabis, Koray Kavukcuoglu, and Geoffrey Irving. Scaling language models: Methods, analysis & insights from training gopher. ArXiv, abs/2112.11446, 2021.

[50] Colin Raffel, Noam M. Shazeer, Adam Roberts, Katherine Lee, Sharan Narang, Michael Matena, Yanqi Zhou, Wei Li, and Peter J. Liu. Exploring the limits of transfer learning with a unified text-to-text transformer. ArXiv, abs/1910.10683, 2019.

[51] Aditya Ramesh, Prafulla Dhariwal, Alex Nichol, Casey Chu, and Mark Chen. Hierarchical text-conditional image generation with clip latents. ArXiv, abs/2204.06125, 2022.

[52] Aditya Ramesh, Mikhail Pavlov, Gabriel Goh, Scott Gray, Chelsea Voss, Alec Radford, Mark

Chen, and Ilya Sutskever. Zero-shot textto-image generation. ArXiv, abs/2102.12092, 2021.

[53] Matiss Rikters, Ryokan Ri, Tong Li, and Toshiaki Nakazawa. Designing the business conversation corpus. In Conference on Empirical Methods in Natural Language Processing, 2019.

[54] Robin Rombach, A. Blattmann, Dominik Lorenz, Patrick Esser, and Bjorn Ommer. High-resolution image synthesis with latent diffusion models. 2022 IEEE/CVF Conference on Computer Vision and Pattern Recognition (CVPR), pages 10674-10685, 2021.

[55] Victor Sanh, Lysandre Debut,Julien Chaumond, and Thomas Wolf. Distilbert, a distilled version of bert: smaller, faster, cheaper and lighter. ArXiv, abs/1910.01108, 2019.

[56] Teven Le Scao, Angela Fan, Christopher Akiki, Elizabeth-Jane Pavlick, Suzana Ili'c, Daniel Hesslow, Roman Castagn'e, Alexandra Sasha Luccioni, Franccois Yvon, Matthias Galle, Jonathan Tow, Alexander M. Rush, Stella Rose Biderman, Albert Webson, Pawan Sasanka Ammanamanchi, Thomas Wang, Benoit Sagot, Niklas Muennighoff, Albert Villanova del Moral, Olatunji Ruwase, Rachel Bawden, Stas Bekman, Angelina McMillan-Major, Iz Beltagy, Huu Nguyen, Lucile Saulnier, Samson Tan, Pedro Ortiz Suarez, Victor Sanh, Hugo Laurenccon, Yacine Jernite, Julien Launay, Margaret Mitchell, Colin Raffel, Aaron Gokaslan, Adi Simhi, Aitor Soroa Etxabe, Alham Fikri Aji, Amit Alfassy, Anna Rogers, Ariel Kreisberg Nitzav, Canwen Xu, Chenghao Mou, Chris C. Emezue, Christopher Klamm, Colin Leong, Daniel Alexander van Strien, David Ifeoluwa Adelani, Dragomir R. Radev, Eduardo Gonz'alez Ponferrada, Efrat Levkovizh, Ethan Kim, Eyal Bar Natan, Francesco De Toni, Gerard Dupont, German Kruszewski, Giada Pistilli, Hady ElSahar, Hamza Benyamina, Hieu Trung Tran, Ian Yu, Idris Abdulmumin, Isaac Johnson, Itziar Gonzalez-Dios, Javier de la Rosa, Jenny Chim, Jesse Dodge, Jian Zhu, Jonathan Chang, Jorg Frohberg, Josephine L. Tobing, Joydeep Bhattacharjee, Khalid Almubarak, Kimbo Chen, Kyle Lo, Leandro von Werra, Leon Weber, Long Phan, Loubna Ben Allal, Ludovic Tanguy, Manan Dey, Manuel Romero Mufi.oz, Maraim Masoud, Mar'ia Grandury, Mario vSavsko, Max Huang, Maximin Coavoux, Mayank Singh, Mike Tian-Jian Jiang, Minh Chien Vu, Mohammad Ali Jauhar, Mustafa Ghaleb, Nishant Subramani, Nora Kassner, Nurulaqilla Khamis, Olivier Nguyen, Omar Espejel, Ona de Gibert, Paulo Villegas, Peter Henderson, Pierre Colombo, Priscilla A. Amuok, Quentin Lhoest, Rheza Harliman, Rishi Bommasani, Roberto L'opez, Rui Ribeiro, Salomey Osei, Sampo Pyysalo, Sebastian Nagel, Shamik Bose, Shamsudcleen Hassan Muhammad, Shanya Sharma, S. Longpre, Somaieh Nikpoor, S. Silberberg, Suhas Pai, Sydney Zink, Tiago Timpani Torrent, Timo Schick, Tristan Thrush, Valentin Danchev, Vassilina Nikoulina, Veronika Laippala, Violette Lepercq, Vrinda Prabhu, Zaid Alyafeai, Zeerak Talat, Arun Raja, Benjamin Heinzerling, Chenglei Si, Elizabeth Salesky, Sabrina J. Mielke, Wilson Y. Lee, Abheesht Sharma, Andrea Santilli, Antoine Chaffin, Arnaud Stiegler, Debajyoti Datta, Eliza Szczechla, Gunjan Chhablani, Han Wang, Harshit Pandey, Hendrik Strobelt, Jason Alan Fries, Jos Rozen, Leo Gao, Lintang Sutawika, M Saiful Bari, Maged S. Al-Shaibani, Matteo Manica, Nihal V. Nayak, Ryan Teehan, Samuel Albanie, Sheng Shen, Srulik Ben-David, Stephen H. Bach, Taewoon Kim, Tali Bers, Thibault Fevry, Trishala Neeraj, Urmish Thakker, Vikas Raunak, Xiang Tang, Zheng Xin Yong, Zhiqing Sun, Shaked Brody, Y Uri, Hadar Tojarieh, Adam Roberts, Hyung Won Chung, Jaesung Tae, Jason Phang, Ofir Press, Conglong Li, Deepak Narayanan, Hatim Bourfoune, Jared Casper, Jeff Rasley, Max Ryabinin, Mayank Mishra, Minjia Zhang, Mohammad Shoeybi,

Myriam Peyrounette, Nicolas Patry, Nouamane Tazi, Omar Sanseviero, Patrick von Platen, Pierre Cornette, Pierre Franccois Lavall'ee, Remi Lacroix, Samyam Rajbhandari, Sanchit Gandhi, Shaden Smith, Stephane Requena, Suraj Patil, Tim Dettmers, Ahmed Baruwa, Amanpreet Singh, Anastasia Cheveleva, Anne-Laur Ligozat, Arjun Subramonian, Aur'elie N'ev'eol, Charles Lovering, Daniel H Garrette, Deepak R. Tunuguntla, Ehud Reiter, Ekaterina Taktasheva, Ekaterina Voloshina, Eli Bogdanov, Genta Indra Winata, Hailey Schoelkopf,Jan-Christoph Kalo, Jekaterina Novikova, Jessica Zosa Forde, Xiangru Tang, Jungo Kasai, Ken Kawamura, Liam Hazan, Marine Carpuat, Miruna Clinciu, Najoung Kim, Newton Cheng, Oleg Serikov, Omer Antverg, Oskar van der Wal, Rui Zhang, Ruochen Zhang, Sebastian Gehrmann, Shachar Mirkin, S. Osher Pais, Tatiana Shavrina, Thomas Scialom, Tian Yun, Tomasz Limisiewicz, Verena Rieser, Vitaly Protasov, Vladislav Mikhailov, Yada Pruksachatkun, Yonatan Belinkov, Zachary Bamberger, Zdenvek Kasner, Zdenvek Kasner, Amanda Pestana, Amir Feizpour, Ammar Khan, Amy Faranak, Ananda Santa Rosa Santos, Anthony Hevia, Antigona Unldreaj, Arash Aghagol, Arezoo Abdollahi, Aycha Tammour, Azadeh HajiHosseini, Bahareh Behroozi, Benjamin Olusola Ajibade, Bharat Kumar Saxena, Carlos Munoz Ferrandis, Danish Contractor, David M. Lansky, Davis David, Douwe Kiela, Duong Anh Nguyen, Edward Tan, Emily Baylor, Ezinwanne Ozoani, Fatim Tahirah Mirza, Frankline Ononiwu, Habib Rezanejacl, H.A. Jones, Indrani Bhattacharya, Irene Solaiman, Irina Sedenko, Isar Nejaclgholi, Jan Passmore, Joshua Seltzer, Julio Bonis Sanz, Karen Fort, Livia Macedo Dutra, Mairon Samagaio, Maraim Elbadri, Margot Mieskes, Marissa Gerchick, Martha Akinlolu, Michael McKenna, Mike Qiu, M. K. K. Ghauri, Mykola Burynok, Nafis Abrar, Nazneen Rajani, Nour Elkott, Nourhan Fahmy, Olanrewaju Samuel, Ran An, R. P. Kromann, Ryan Hao, Samira Alizadeh, Sarmad Shubber, Silas L. Wang,Sourav Roy,Sylvain Viguier, Thanh-Cong Le, Tobi Oyebade, Trieu Nguyen Hai Le, Yoyo Yang, Zachary Kyle Nguyen, Abhinav Ramesh Kashyap, A. Palasciano, Alison Callahan, Anima Shukla, Antonio Miranda Escalada, Ayush Kumar Singh, Benjamin Beilharz, Bo Wang, Caio Matheus Fonseca de Brito, Chenxi Zhou, Chirag Jain, Chuxin Xu, Clementine Fourrier, Daniel Le'on Perin'an, Daniel Molano, Dian Yu, Enrique Manjavacas, Fabio Barth, Florian Fuhrimann, Gabriel Altay, Giyaseddin Bayrak, Gully Burns, Helena U. Vrabec, Iman J.B. Bello, Isha Dash, Ji Soo Kang, John Giorgi, Jonas Golde, Jose David Posada, Karthi Sivaraman, Lokesh Bulchandani, Lu Liu, Luisa Shinzato, Madeleine Hahn de Bykhovetz, Maiko Takeuchi, Marc Pamies, Maria Andrea Castillo, Marianna Nezhurina, Mario Sanger, Matthias Samwald, Michael Cullan, Michael Weinberg, M Wolf, Mina Mihaljcic, Minna Liu, Moritz Freidank, Myungsun Kang, Natasha Seelam, Nathan Dahlberg, Nicholas Mi-chio Broad, Nikolaus Muellner, Pascale Fung, Patricia Haller, R. Chandrasekhar, Renata Eisenberg, Robert Martin, Rodrigo L. Canalli, Rosaline Su, Ruisi Su, Samuel Cahyawijaya, Samuele Garda, Shlok S Deshmukh, Shubhanshu Mishra, Sid Kiblawi, Simon Ott, Sinee Sang-aroonsiri, Srishti Kumar, Stefan Schweter, Sushil Pratap Bharati, T. A. Laud, Th'eo Gigant, Tomoya Kainuma, Wojciech Kusa, Yanis Labrak, Yashasvi Bajaj, Y. Venkatraman, Yifan Xu, Ying Xu, Yu Xu, Zhee Xao Tan, Zhongli Xie, Zifan Ye, Mathilde Bras, Younes Belkada, and Thomas Wolf. Bloom:A 176bparameter open-access multilingual language model. ArXiv, abs/2211.05100, 2022.

[57] Timo Schick, Jane Dwivedi-Yu, Roberto Dessi, Roberta Raileanu, Maria Lomeli, Luke Zettlemoyer, Nicola Cancedda, and Thomas Scialom. Toolformer:Language models can teach

themselves to use tools. ArXiv, abs/2302.04761, 2023.
[58] Noam M. Shazeer. Glu variants improve transformer. ArXiv, abs/2002.05202, 2020.
[59] Yongliang Shen, Kaitao Song, Xu Tan, Dong Sheng Li, Weiming Lu, and Yue Ting Zhuang. Hugginggpt:Solving ai tasks with chatgpt and its friends in hugging face. ArXiv, abs/2303.17580, 2023.
[60] David Silver, Aja Huang, Chris J. Maddison, Arthur Guez, L. Sifre, George van den Driessche, Julian Schrittwieser, Ioannis Antonoglou, Vedavyas Panneershelvam, Marc Lanctot, Sander Dieleman, Dominik Grewe, John Nham, Nal Kalchbrenner, Ilya Sutskever, Timothy P. Lillicrap, Madeleine Leach, Koray Kavukcuoglu, Thore Graepel, and Demis Hassabis. Mastering the game of go with deep neural networks and tree search. Nature, 529:484-489, 2016.
[61] Uriel Singer, Adam Polyak, Thomas Hayes, Xiaoyue Yin, Jie An, Songyang Zhang, Qiyuan Hu, Harry Yang, Oron Ashual, Oran Gafni, Devi Parikh, Sonal Gupta, and Yaniv Taigman. Make-avideo: Text-to-video generation without text-video data. ArXiv, abs/2209.14792, 2022.
[62] ByungHoon So, Kyuhong Byun, Kyungwon Kang, and Seongjin Cho. Jaquad:Japanese question answering dataset for machine reading comprehension. ArXiv, abs/2202.01764, 2022.
[63] Jianlin Su, Yu Lu, Shengfeng Pan, Bo Wen, and Yunfeng Liu. Roformer:Enhanced transformer with rotary position embedding. ArXiv, abs/2104.09864, 2021.
[64] Romal Thoppilan, Daniel De Freitas, Jamie Hall, Noam M. Shazeer, Apoorv Kulshreshtha, Heng-Tze Cheng, Alicia Jin, Taylor Bos, Leslie Baker, Yu Du, Yaguang Li, Hongrae Lee, Huaixiu Zheng, Amin Ghafouri, Marcelo Menegali,Yanping Huang, Maxim Krikun, Dmitry Lepikhin, James Qin, Dehao Chen, Yuanzhong Xu, Zhifeng Chen, Adam Roberts, Maarten Bosma, Yanqi Zhou, Chung-Ching Chang, I. A. Krivokon, Willard James Rusch, Marc Pickett, Kathleen S. Meier-Hellstern, Meredith Ringel Morris, Tulsee Doshi, Renelito Delos Santos, Toju Duke, Johnny Hartz S0raker, Ben Zevenbergen, Vinodkumar Prabhakaran, Mark Diaz, Ben Hutchinson, Kristen Olson, Alejandra Molina, Erin Hoffman-John, Josh Lee, Lora Aroyo, Ravindran Rajakumar, Alena Butryna, Matthew Lamm, V. 0. Kuzmina, Joseph Fenton, Aaron Cohen, Rachel Bernstein, Ray Kurzweil, Blaise Aguera-Arcas, Claire Cui, Marian Croak, Ed Huai hsin Chi, and Quoc Le. Lamda:Language models for dialog applications. ArXiv, abs/2201.08239, 2022.
[65] Hugo Touvron, Thibaut Lavril, Gautier Izacard, Xavier Martinet, Marie-Anne Lachaux, Timothee Lacroix, Baptiste Roziere, Naman Goyal, Eric Hambro, Faisal Azhar, Aur'elien Rodriguez, Armand Joulin, Edouard Grave, and Guillaume Lample. Llama: Open and efficient foundation language models. ArXiv, abs/2302.13971, 2023.
[66] Hugo Touvron, Louis Martin, Kevin R. Stone, Peter Albert, Amjad Almahairi, Yasmine Babaei, Nikolay Bashlykov, Soumya Batra, Prajjwal Bhargava, Shruti Bhosale, Daniel M. Bikel, Lukas Blecher, Cristian Canton Ferrer, Moya Chen, Guillem Cucurull, David Esiobu, Jude Fernandes, Jeremy Fu, Wenyin Fu, Brian Fuller, Cynthia Gao, Vedanuj Goswami, Naman Goyal, Anthony S. Hartshorn, Saghar Hosseini, Rui Hou, Hakan Inan, Marcin Kardas, Viktor Kerkez, Madian Khabsa, Isabel M. Kloumann, A. V. Korenev, Punit Singh Koura, Marie-Anne Lachaux, Thibaut Lavril, Jenya Lee, Diana Liskovich, Yinghai Lu, Yuning Mao, Xavier Martinet, Todor Mihaylov, Pushkar Mishra, Igor Molybog, Yixin Nie, Andrew Poulton, Jeremy Reizenstein, Rashi Rungta, Kalyan Saladi, Alan Schelten, Ruan Silva, Eric Michael Smith, R. Subramanian, Xia Tan, Binh

Tang, Ross Taylor, Adina Williams, Jian Xiang Kuan, Puxin Xu, Zhengxu Yan, Iliyan Zarov, Yuchen Zhang, Angela Fan, Melanie Kambadur, Sharan Narang, Aurelien Rodriguez, Robert Stojnic, Sergey Edunov, and Thomas Scialom. Llama 2:Open foundation and fine-tuned chat models. ArXiv, abs/2307.09288, 2023.

[67] Aaron van den Oord, Sander Dieleman, Heiga Zen, Karen Simonyan, Oriol Vinyals, Alex Graves, Nal Kalchbrenner, Andrew W. Senior, and Koray Kavukcuoglu. Wavenet:A generative model for raw audio. ArXiv, abs/1609.03499, 2016.

[68] Ashish Vaswani, Noam M. Shazeer, Niki Parmar, Jakob Uszkoreit, Llion Jones, Aidan N. Gomez, Lukasz Kaiser, and Illia Polosukhin. Attention is all you need. ArXiv, abs/1706.03762, 2017.

[69] Ramakrishna Vedantam, C. Lawrence Zitnick, and Devi Parikh. Cider:Consensus-based image description evaluation. 2015 IEEE Conference on Computer Vision and Pattern Recognition (CVPR), pages 4566-4575, 2014.

[70] Jason Wei, Maarten Bosma, Vincent Zhao, Kelvin Guu, Adams Wei Yu, Brian Lester, Nan Du, Andrew M. Dai, and Quoc V. Le. Finetuned language models are zero-shot learners. ArXiv, abs/2109.01652, 2021.

[71] Jason Wei, Xuezhi Wang, Dale Schuurmans, Maarten Bosma, Ed Huai hsin Chi, F. Xia, Quoc Le, and Denny Zhou. Chain of thought prompting elicits reasoning in large language models. ArXiv, abs/2201.11903, 2022.

[72] Jules White, Quchen Fu, Sam Hays, Michael Sandborn, Carlos Olea, Henry Gilbert, Ashraf Elnashar, Jesse Spencer-Smith, and Douglas C. Schmidt. A prompt pattern catalog to enhance prompt engineering with chatgpt. ArXiv, abs/2302.11382, 2023.

[73] Chenfei Wu, Sheng-Kai Yin, Weizhen Qi, Xiaodong Wang, Zecheng Tang, and Nan Duan. Visual chatgpt:Talking, drawing and editing with visual foundation models. ArXiv, abs/2303.04671, 2023.

[74] Dongchao Yang, Jianwei Yu, Helin Wang, Wen Wang, Chao Weng, Yuexian Zou, and Dong Yu. Diffsound: Discrete diffusion model for text-to-sound generation. ArXiv, abs/2207.09983, 2022.

[75] Biao Zhang and Rico Sennrich. Root mean square layer normalization. ArXiv, abs/1910.07467, 2019.

[76] Yukun Zhu, Ryan Kiros, Richard S. Zemel, Ruslan Salakhutdinov, Raquel Urtasun, Antonio Torralba, and Sanja Fidler. Aligning books and movies:Towards story-like visual explanations by watching movies and reading books. 2015 IEEE International Conference on Computer Vision (ICCV), pages 19-27, 2015.

[77] Microsoft Research "Natural Language Commanding via Program Synthesis" https://arxiv.org/abs/2306.03460

[78] https://techcommunity.microsoft.com/t5/educator-developer-blog/bring-your-own-data-to-azure-openai-step-by-step-guide/ba-p/3905212

[79] https://deepcom.co.jp/azure_openai_vs_openai/

[80] https://www.softbank.jp/biz/blog/business/articles/202305/chatgpt-business-azureopenai/

[81] https://zenn.dev/microsoft/articles/e0419765f7079a

[82] "MTEB:Massive Text Embedding Benchmark" https://arxiv.org/abs/2210.07316

[83] Microsoft Research."LLMLingua：Compressing Prompts for Accelerated Inference of Large Language Models" https://arxiv.org/abs/2310.05736

Index

A

action space ………… 30
activation function ………… 38
AdamW ………… 77
agent ………… 29
AGI ………… 13
AI Builder with Azure OpenAI Service ………… 111
AlphaGo ………… 12
alternative approach ………… 93
API executor ………… 156
APIplatform ………… 156
API selector ………… 156
API実行部 ………… 156
APIセレクター ………… 156
APIプラットフォーム ………… 156
Artificial General Intelligence ………… 13
AudioGen ………… 170
AudioLM ………… 171
autoregressive ………… 166
AutoTokenizer ………… 76
AWS S3 ………… 127
Azure AI Search ………… 135
Azure AI Studio ………… 139
Azure Blob Storage ………… 135
Azure Cosmos DB ………… 136
Azure Developer CLI ………… 141
Azure Functions ………… 135
Azure ML Studio ………… 139
Azure OpenAI Service ………… 106
Azure OpenAI Serviceの新機能 ………… 119
Azure Portal ………… 134

B

babbage-002 ………… 60, 62
bag-of-words ………… 14
Bard ………… 35
BERT ………… 22
Bicep ………… 142
Bidirectional Encoder Representations from Transformers ………… 22
bigram ………… 15
Bing Chat ………… 111
BLOOM ………… 38
BookCorpus ………… 24
BSD ………… 72
Business Scene Dialogue ………… 72

C

cascade ………… 166
chain-of-thoughtプロンプティング ………… 36
ChatGPT ………… 12
ChatGPT API ………… 40
Chinchilla ………… 38
Chroma ………… 129
CLIP ………… 164
Code Llama ………… 177
cognitive verifier ………… 93
CogVideo ………… 168
Cohere Reranker ………… 143
Common crawl ………… 25
context-free grammar ………… 14
context manager ………… 96
Contrastive Language-Image Pre-training ………… 164
contrastive learninga ………… 165
Copilot ………… 108
Copilot in Excel ………… 108
Copilot in Outlook ………… 110
Copilot in PowerPoint ………… 109
Copilot in Word ………… 108
Copilot（旧Bing Chat） ………… 111

D

DALL・E ………… 165
DALL・E 3 ………… 157
data augmentation ………… 56
datasetsライブラリ ………… 72
davinci-002 ………… 60, 62
Deep Learning ………… 12
devcontainer ………… 142
DiffSound ………… 170
diffusion model ………… 164
documentation schema ………… 156
Dynamics 365 Copilot ………… 111

E

Elasticsearch …… 129
Embedding …… 129
EntityExtractor …… 143

F

fact checklist …… 91
feed-forward …… 21
few-shot learning …… 36
Fine-tuned Language Net …… 35
FLAN …… 35
flipped interaction …… 95
foundation model …… 153

G

game play …… 96
GAN …… 164
Gated Recurrent Units …… 18
GELU …… 38
Gemini …… 35
Generative Adversarial Networks …… 164
generative grammar …… 14
ghost attention …… 177
GitHub Copilot …… 144
Google Drive …… 135
Gopher …… 38
GPT-1 …… 24
GPT-2 …… 24
GPT-3 …… 24, 25
gpt-3.5-turbo …… 42
gpt-3.5-turbo-0125 …… 60
GPT-4 …… 176
grouped-query attention …… 177
GRU …… 18
GSM8k …… 36

H

hallucination …… 150
head attention …… 19
HuggingFace …… 72
HuggingFaceのモデル …… 129
HuggingGPT …… 155
hyperparameter …… 75

I

IaC …… 142
ICL …… 152
idf …… 14
ILSVRC …… 12
ImageBind …… 174
Imagen …… 166
Imagen Video …… 169
In-Context Learning …… 152
infinite generation …… 95
Infrastructure as Code …… 142
InstructGPT …… 27
International Large-Scale Visual Recognition Challenge …… 12
inverse document frequency …… 14

J

Japanese CC-100 …… 75
Japanese Wikipedia …… 75
JaQuAD …… 61
ja_sentence …… 73
jsonl …… 60

K

KL-divergence …… 31

L

LaMDA …… 34
LangChain …… 128
Large Language Models …… 12
LLaMA …… 37
Llama2 …… 176
Llama Index …… 128
LLM …… 12
LLMアプリケーションの活用シーン …… 112
Long Short-Term Memory …… 15, 18
LSTM …… 15, 18

M

Make-an-audio …… 170
Make-A-Video …… 168
Masked Language Modeling …… 22
Massive Text Embedding Benchmark …… 129
Meena …… 34
messages …… 45
meta language creation …… 87
Microsoft 365 Copilot …… 114
Microsoft 365 Copilotの動作フロー …… 115
Microsoft Business Chat …… 111
Microsoft Graph …… 114
Microsoft Graph API …… 115

Microsoft Teams ……… 111
Microsoft Viva Engage ……… 111
Microsoft公式のドキュメント ……… 119
MLM ……… 22
model ……… 45
MTEB ……… 129
MuLAN ……… 171
multimodal conversational foundation model … 156
MusicGen ……… 171
MusicLM ……… 171

N

Natural Questions ……… 37
negative sample ……… 165
Next Sentence Prediction ……… 22
n-gram ……… 15
NSP ……… 22

O

observation space ……… 30
OneDrive ……… 127
one-hot vector ……… 15
on your data ……… 133
"on your data"機能をサポートしているLLMモデル … 134
openaiライブラリ ……… 42
output automater ……… 88

P

pagerank ……… 150
PaLM ……… 36
pathways ……… 36
Perceiver ……… 161
perceptual image compression ……… 167
persona ……… 89
pgvector（PostgresSQL） ……… 129
Pinecone ……… 129
Playground ……… 67
policy ……… 30
positional encoding ……… 19
positive sample ……… 165
Power Apps ……… 111
Power Automate ……… 111
Power BI ……… 111
Power Virtual Agents ……… 111
PPO ……… 30
prompt engineering ……… 84
Proximity Policy Optimization ……… 30
PyTorch ……… 72

Q

question refinement ……… 92

R

RAG ……… 125
rate limit ……… 48
recipe ……… 97
Recurrent Neural Networks ……… 15, 18
Redis ……… 129
reflection ……… 91
refusal breaker ……… 94
reinforcement learning ……… 29
Reinforcement Learning From Human Feedback … 28
rejection sampling fine-tuning ……… 177
ReLU ……… 38
response ……… 44, 46
Responsible AI（RAI）の原則 ……… 116
Retrieval Augmented Generation ……… 125
reward ……… 29
reward model ……… 29
RLHF ……… 28
RMSNorm ……… 37
RNN ……… 15, 18
RoBERTa ……… 77
role ……… 40
RoPE ……… 38
Rotary Positional Embedding ……… 38
rotation matrix ……… 38

S

safety context distillation ……… 177
self-attention ……… 19
Semantic Index ……… 114
sentencepiece ……… 72
SharePoint ……… 127
Sora ……… 169
Stable Diffusion ……… 167
super-resolution ……… 166
SwiGLU ……… 38
system pronpt ……… 131

T

T5 ……… 76
TaskMatrix.AI ……… 156

temperature ………… 131
template ………… 90
term frequency ………… 14
tf ………… 14
Toolformer ………… 152
top-p ………… 131
Transformer ………… 18
transformersライブラリ ………… 72
trigram ………… 15
Turing test ………… 160

U

universal grammar ………… 14

V

VAE ………… 165
Variational Auto-Encoder ………… 165
Vision Transformer ………… 21
Visual ChatGPT ………… 153
visualization generator ………… 90
ViT ………… 21

W

WaveNet ………… 170
Webスクレイピング ………… 127
Windows Copilot ………… 111
Word2vec ………… 15
Wozniak test ………… 161

Z

zero-shot learning ………… 24
Zipf's law ………… 14

あ

安全性文脈蒸留 ………… 177

い

位置符号化 ………… 19
インタラクション ………… 95
インデックス化 ………… 129
インメモリ ………… 130

う

ウォズニアックテスト ………… 161
埋め込み ………… 129

え

エージェント ………… 29
エラー追究 ………… 91

お

オートメーション ………… 88
オンプレミス ………… 130

か

回転行列 ………… 38
拡散モデル ………… 164
カスケード ………… 166
活性化関数 ………… 38
カルバック・ライブラー情報量 ………… 31
観察空間 ………… 30

き

既存ベンダ ………… 130
基盤モデル ………… 153
逆インタラクション ………… 95
強化学習 ………… 29
拒否ブレーカー ………… 94
近傍方策最適化 ………… 30

く

クエリ速度 ………… 130
組み合わせ ………… 97
クラウドホスティング ………… 130
グループクエリアテンション ………… 177
クロスエントロピー ………… 77

け

ゲート ………… 18
ゲームプレー ………… 96

こ

行動空間 ………… 30
ゴーストアテンション ………… 177

さ

再現性 ………… 130

し

視覚的画像圧縮 ………… 167
自己回帰的 ………… 166
自己注意 ………… 19
事実チェックリスト ………… 91
ジップの法則 ………… 14
質問改善 ………… 92
自由文脈文法 ………… 14
出力のカスタマイズ ………… 88
手法 ………… 150
深層学習 ………… 12

す

スケーリング則 ………… 174
スパース ………… 130

せ

生成文法 …… 14
セマンティックインデックス …… 114
ゼロショット学習 …… 24
全文検索 …… 130
専用ベンダ …… 130
戦略的パートナーシップ …… 106

そ

挿入速度 …… 130

た

代案アプローチ …… 93
大規模言語モデル …… 12
対照学習 …… 165

ち

チャットボット …… 54
チャンクサイズ …… 136
チャンク分割 …… 128
チューリングテスト …… 160
超解像度 …… 166

て

データ拡張 …… 56
敵対的生成ネットワーク …… 164
デンスベクトルストレージ …… 130
テンプレート …… 90

と

ドキュメンテーションスキーマ …… 156
トライグラム …… 15
トランスフォーマー …… 15, 18

に

入力セマンティック …… 87
認知検証 …… 93

ね

ネガティブサンプル …… 165

は

バイグラム …… 15
ハイパーパラメータ …… 75
ハルシネーション …… 150
汎用人工知能 …… 13

ひ

ビジュアル生成 …… 90
評価レポート …… 117

ふ

ファインチューニング …… 60
フィードフォワード …… 21
フィルタリング戦略 …… 130
普遍文法 …… 14
フューショット学習 …… 36
振り返り …… 91
プロンプトエンジニアリング …… 86
プロンプト改善 …… 92
文脈管理 …… 96
文脈制御 …… 96
文脈内学習 …… 152

へ

ページランク …… 150
ベクトル検索 …… 130
ベクトルストレージ …… 130
ベクトルデータベース …… 129
ペルソナ …… 89
変分オートエンコーダ …… 165

ほ

報酬 …… 29
報酬モデル …… 29
ポジティブサンプル …… 165
ポリシー …… 30

ま

マルチヘッドアテンション …… 19
マルチモーダル基盤モデル …… 156

む

無限生成 …… 95

め

メタ言語生成 …… 87

や

役割 …… 40

り

リジェクションサンプリング・ファインチューニング …… 177

れ

レイテンシー …… 130
レートリミット …… 48
レシピ …… 97

ろ

ロータリーポジションエンベディング …… 38

わ

ワンホットベクトル …… 15

著者・協力者プロフィール

シン アンドリュー (Andrew Shin)：第8章を除く本書全般を執筆

現 慶應義塾大学デジタルメディアコンテンツ研究センター特任助教。東京大学大学院情報理工学系研究科博士課程修了。株式会社ソニーグループのR&Dセンターを経て、2022年現職に着任。目下の研究分野は画像認識と自然言語処理の融合。

小川 航平 (Ogawa Kouhei)：第8章を執筆

現 KEEN株式会社ソフトウェアエンジニア兼書道家。香川高等専門学校情報工学科を卒業後、筑波大学情報学群へ3年次編入学。博士前期課程修了までデジタルネイチャー開発研究センターにて、3Dプリンティング、3Dセンシング、身体性等を追求したHuman Computer Interactionの研究に従事。新卒で日本マイクロソフト株式会社へ入社し、Cloud Solution Architect(Data&AI)として、エンタープライズ企業のお客様に対して、データ分析、MLOps、ディジタルツイン基盤、LLMシステムプロジェクトなどの導入・実装支援を行う。特にAI分野では、テクニカルエバンジェリズム活動に深く関与し、一般社団法人日本ディープラーニング協会やGreen Software Foundation主催のGlobal Summit等多数のイベント登壇、AIを社会実装するためのデベロッパーコミュニティのLead、日本最大級のビジネス、ハッカソンコンテストのメンター統括Lead、ビジネス・テクニカルメンター、審査員等を務める。

谷合 廣紀 (Taniai Hiroki)：本書全般を精査・助言

日本将棋連盟の棋士（四段）。吉本興業文化人。東京大学情報理工学系研究科修士課程修了。将棋AIの研究と普及に注力しており、2022年には自作の将棋AIであるpreludeが世界コンピュータ将棋選手権で独創賞を受賞。著書に『Pythonで理解する統計解析の基礎』、『AI解析から読み解く藤井聡太の選択』がある。

ChatGPT 大規模言語モデルの進化と応用

2024年4月16日　第1版第1刷発行

著　者　シン アンドリュー (Andrew Shin)・小川航平
協　力　谷合廣紀

発行人　新関卓哉
企画担当　蒲生達佳
編集担当　松本昭彦
発行所　株式会社リックテレコム
〒113-0034 東京都文京区湯島3-7-7
振替　00160-0-133646
電話　03(3834)8380(代表)
URL　https://www.ric.co.jp/

装　丁　長久雅行
DTP制作　QUARTER 浜田房二
印刷・製本　シナノ印刷株式会社

●訂正等

本書の記載内容には万全を期しておりますが、万一誤りや情報内容の変更が生じた場合には、当社ホームページの正誤表サイトに掲載しますので、下記よりご確認下さい。

*正誤表サイトURL

https://www.ric.co.jp/book/errata-list/1

●本書の内容に関するお問い合わせ

FAXまたは下記のWebサイトにて受け付けます。回答に万全を期すため、電話でのご質問にはお答えできませんのでご了承ください。

- FAX:03-3834-8043
- 読者お問い合わせサイト：https://www.ric.co.jp/book/のページから「書籍内容についてのお問い合わせ」をクリックしてください。

製本には細心の注意を払っておりますが、万一、乱丁・落丁（ページの乱れや抜け）がございましたら、当該書籍をお送りください。送料当社負担にてお取り替え致します。

ISBN978-4-86594-400-6　Printed in Japan